세상에서 가장 쉬운 과학 수업

양자정보

세상에서 가장 쉬운 과학 수업
양자정보
ⓒ 정완상, 2025

초판 1쇄 인쇄 2025년 11월 3일
초판 1쇄 발행 2025년 11월 17일

지은이 정완상
펴낸이 이성림
펴낸곳 성림북스

책임편집 노은정
디자인 쏘울기획

출판등록 2014년 9월 3일 제25100-2014-000054호
주소 제주특별자치도 제주시 한경면 고산서3길 135
대표전화 064-772-5762
팩스 064-773-5762
이메일 sunglimonebooks@naver.com

ISBN 979-11-24072-02-8   03400

* 책값은 뒤표지에 있습니다.
* 이 책의 판권은 지은이와 성림북스에 있습니다.
* 이 책의 내용 전부 또는 일부를 재사용하려면 반드시 양측의 서면 동의를 받아야 합니다.

노벨상 수상자들의 **오리지널 논문으로 배우는 과학**

세상에서 가장 쉬운 과학 수업
양자정보

정완상 지음

고전적 정보이론에서 양자얽힘의 미스터리까지
양자정보의 개척자와 세상을 바꾼 논문을 만나다

성림원북스

CONTENTS

추천사 008
천재 과학자들의 오리지널 논문을 이해하게 되길 바라며 014
양자 세계의 문이 열리다 _ 도이치 박사가 말하는 차일링거의 양자정보 혁명 019

첫 번째 만남
고전 정보이론과 컴퓨터의 탄생 / 025

정보는 어떻게 시작되었는가 _ 문자에서 암호까지, 인류의 정보혁명 026
암호를 푼 철학자, 알 킨디 _ 빈도 분석의 시작과 정보과학의 태동 029
0과 1로 보는 세상 _ 주역이 라이프니츠에게 가르쳐준 디지털의 뿌리 033
기계로 계산하다 _ 쉬카르드에서 라이프니츠까지, 계산기의 탄생과 진화 038

컴퓨터의 아버지, 찰스 배비지 _ 차분기관과 분석 엔진의 탄생 　　　　　041
0과 1의 논리, 불대수의 세계 _ 조지 불과 디지털 논리의 기초 　　　　　045
논리를 기호로 바꾼 사람, 드모르간 _ 드모르간의 법칙과 현대 논리학 　　　　　051
엘런 튜링, 0과 1로 세상을 바꾸다 _ 컴퓨터를 꿈꾼 수학자와 디지털 혁명 　　　　　054
튜링의 상상, 컴퓨터가 되다 _ 간단한 장치가 만든 복잡한 계산의 세계 　　　　　058
컴퓨터는 어떻게 진화했는가 _ 전쟁, 과학, 그리고 인간의 상상력 　　　　　061

두 번째 만남

디지털 혁명의 뿌리를 찾아서 / 065

0과 1의 문을 연 찰스 피어스 _ 디지털 시대를 연 기호 논리의 창시자 　　　　　066
기계로 생각하고, 놀이로 미래를 설계하다 _ 섀넌이 만든 디지털 우주 　　　　　078
엔트로피, 정보의 얼굴을 바꾸다 _ 섀넌이 밝혀낸 불확실성의 의미 　　　　　097

세 번째 만남

큐비트로 여는 양자알고리즘의 세계 / 105

양자정보, 중첩에서 시작되다 _ 파동함수와 고유상태의 언어 　　　　　106
상자 속 고양이의 운명 _ 슈뢰딩거 실험으로 본 양자의 세계 　　　　　110
큐비트, 보이지 않는 정보의 가능성 _ 0과 1의 중첩과 붕괴 　　　　　113
큐비트를 조작하는 기술, 양자게이트 _ 유니터리 행렬과 선형 변환 　　　　　116
아다마르 게이트의 수학 _ 프랑스 수학자가 만든 양자연산의 기초 　　　　　120

텐서곱이란 무엇인가 _ 두 큐비트를 하나의 상태로 묘사하다　　124
복제할 수 없는 정보 _ 큐비트와 양자 복제금지 정리　　131

네 번째 만남
양자역학, 논쟁에서 실험으로 / 135

아인슈타인과 보어의 양자 논쟁 _ 양자역학은 완전한가　　136
EPR 패러독스, 양자역학을 흔든 질문 _ 얽힘인가, 유령의 작용인가　　143
벨 부등식의 도전 _ 얽힘인가, 숨은 변수인가　　149
실험으로 드러난 양자 얽힘 _ 존 클라우저가 이끈 양자정보의 시대　　152
빛보다 빠른 정보는 가능한가 _ 아스페 실험과 벨 부등식의 극복　　156

다섯 번째 만남
양자정보 시대의 개막 / 159

양자의 언어로 진리를 묻다 _ 양자세계를 설계한 안톤 차일링거　　160
순간이동은 가능하다 _ 양자순간이동, 얽힘 스와핑과 미래의 통신　　166
양자 얽힘의 스위치, CNOT 게이트 _ 제어 비트, 타깃 비트와 양자 논리　　171
얽힘은 어떻게 생기는가 _ 아다마르 게이트와 양자 얽힘의 원리　　175
보낼 수 없는 것을 보내는 법 _ CNOT와 얽힘이 만들어낸 양자순간이동　　178
암호의 진화 _ 고대 암호부터 양자암호까지, 정보보안 2,500년의 여정　　181
뚫리는 암호, 감지하는 센서 _ 양자보안과 초정밀 감지 시스템　　190

여섯 번째 만남
양자알고리즘과 양자컴퓨터 / 195

양자알고리즘의 탄생 _ 현실의 구조를 바꾼 도이치-요자 이론과 실험	196
양자의 두 날개 _ 쇼어 알고리즘, 그로버 알고리즘의 작동 원리와 영향력	204
도이치 알고리즘 _ 오라클 머신과 불함수로 여는 새로운 계산의 세계	207
양자컴퓨터, 계산의 한계를 넘다 _ 시커모어에서 IBM 이글까지	216

만남에 덧붙여 / 221

Can Quantum-Mechanical Description of Physical Reality Be Considered Complete?_1935년 아인슈타인-포돌스키-로젠 논문 영문본	222
On the Einstein Podolsky Rosen Paradox_1964년 벨 논문 영문본	226
Experimental Realization of Einstein-Podolsky-Rosen-Bohm Gedankenexperiment: A New Violation of Bell's Inequalities _1981년 아스페 그룹 논문 영문본	232
Experimental Quantum Teleportation_1997년 차일링거 그룹 논문 영문본	236
위대한 논문과의 만남을 마무리하며	241
이 책을 위해 참고한 논문들	243
수식에 사용하는 그리스 문자	246
노벨 물리학상 수상자들을 소개합니다	247

과학을 처음 공부할 때 이런 책이 있었다면 얼마나 좋았을까

남순건(경희대학교 이과대학 물리학과 교수 및 전 부총장)

21세기를 20여 년 지낸 이 시점에서 세상은 또 엄청난 변화를 맞이하리라는 생각이 듭니다. 100년 전 찾아왔던 양자역학은 반도체, 레이저 등을 위시하여 나노의 세계를 인간이 이해하도록 하였고, 120년 전 아인슈타인에 의해 밝혀진 시간과 공간의 원리인 상대성이론은 이 광대한 우주가 어떤 모습으로 만들어져 왔고 앞으로 어떻게 진화할 것인가를 알게 해주었습니다. 게다가 우리가 사용하는 모든 에너지의 근원인 태양에너지를 핵융합을 통해 지구상에서 구현하려는 노력도 상대론에서 나오는 그 유명한 질량-에너지 공식이 있기에 조만간 성과가 있을 것이라 기대하게 되었습니다.

앞으로 올 22세기에는 어떤 세상이 펼쳐질지 매우 궁금합니다. 특히 인공지능의 한계가 과연 무엇일지, 또한 생로병사와 관련된 생명의 신비가 밝혀져 인간 사회를 어떻게 바꿀지, 우주에서는 어떤 신비로움이 기다리고 있는지, 우리는 불확실성이 가득한 미래를 향해 달려가고 있습니다. 이러한 불확실한 미래를 들여다보는 유리구슬 역할을 하는 것이 바로 과학적 원리들입니다.

지난 백여 년간 과학에서의 엄청난 발전들은 세상의 원리를 꿰뚫어보았던 과학자들의 통찰을 통해 우리에게 알려졌습니다. 이런 과학 발전을 가능하게 한 영웅들의 생생한 숨결을 직접 느끼려면 그들이 썼던 논문들을 경험해보는 것이 좋습니다. 그런데 어느 순간 일반인과 과학을 배우는 학생들은 물론, 그 분야에서 연구를 하는 과학자들마저 이런 숨결을 직접 경험하지 못하고 이를 소화해서 정리해놓은 교과서나 서적들을 통해서만 접하고 있습니다. 창의적인 생각의 흐름을 직접 접하는 것은 그런 생각을 했던 과학자들의 어깨 위에서 더 멀리 바라보고 새로운 발견을 하고자 하는 사람들에게 매우 중요합니다.

저자인 정완상 교수가 새로운 시도로써 이러한 숨결을 우리에게 전해주려 한다고 하여 그의 30년 지기인 저는 매우 기뻤습니다. 그는 대학원생 때부터 당시 혁명기를 지나면서 폭발적인 발전을 하고 있던 끈 이론을 위시한 이론물리학 분야에서 가장 많은 논문을 썼던 사람입니다. 그리고 그러한 에너지가 일반인들과 과학도들을 위한 그의 수많은 서적을 통해 이미 잘 알려져 있습니다. 저자는 이번에 아주 새로운 시도를 하고 있고 이는 어쩌면 우리에게 꼭 필요했던 것일 수 있습니다. 대화체로 과학의 역사와 배경을 매우 재미있게 설명하고, 그 배경 뒤에 나왔던 과학 영웅들의 오리지널 논문들을 풀어간 것입니다. 과학사를 들려주는 책들은 많이 있으나 이처럼 일반인과 과학도의 입장에서 질문하고 이해하는 생각의 흐름을 따라 설명한 책은 없습니다. 게다가 이런 준비를 마친 후에 아인슈타인 같은 영웅들의 논문을 원래의 방식과 표기를 통해 설명하는 부분은 오랫동안 과학을 연구해온 과학자에게도 도움을 줍니다.

이 책을 읽는 독자들은 복 받은 분들일 것이 분명합니다. 제가 과학을 처음 공부할 때 이런 책이 있었다면 얼마나 좋았을까 하는 생각이 듭니다. 정완상 교수는 이제 새로운 형태의 시리즈를 시작하고 있습니다. 독보적인 필력과 독자에게 다가가는 그의 친밀성이 이 시리즈를 통해 재미있고 유익한 과학으로 전해지길 바랍니다. 그리하여 과학을 멀리하는 21세기의 한국인들에게 과학에 대한 붐이 일기를 기대합니다. 22세기를 준비해야 하는 우리에게는 이런 붐이 꼭 있어야 하기 때문입니다.

양자정보 시대로의 퀀텀 도약에 대한 길라잡이를 만나다

김완선(인천대학교 물리학과 초빙교수)

천동설에서 지동설로, 뉴턴역학에서 상대성이론 및 양자역학으로, 물리학은 마치 계단을 뛰어오르는 듯이 도약적으로 발전하였습니다. 이제는 더 이상 양자역학이 생소한 물리 영역이 아니며, 우리는 이미 '퀀텀(양자)'이나 '큐비트'라는 용어에 익숙할 것입니다. 양자역학은 반도체, 나노과학 등의 응용물리학이 발전하는 데 밑거름이 되었습니다. 이와 더불어 과학기술의 발전은 정말 놀라운 수준으로 빠르게 성장하였습니다. 우리는 눈부신 과학기술에 힘입어 이론적으로 상상하던 많은 것들이 실험적으로 구현되어 실생활에서의 응용이 가능한 시대에 살고 있습니다. 그중 하나가 양자컴퓨터일 것입니다. 양자컴퓨터의 기초인 양자정보와 양자알고리즘에 관한 내용을 다룬 정완상 교수님의 『세상에서 가장 쉬운 과학 수업: 양자정보』를 소개하게 되어 매우 기쁩니다.

저자는 '양자정보'란 무엇인지 살펴보기 위하여 '정보'의 개념과 시초에 관한 이야기부터 시작합니다. 정보란 무엇인지, 암호란 왜 필요하게 되었는지 등등의 흥미로운 역사적 사실들을 대화 형식으로 풀어내어 쉽게 읽어 내려갈 수 있도록 합니다. 현재 각 가정, 회사, 학교 등에서 당연시하며 아무렇지 않게 사용하고 있는 컴퓨터가 사실은 세계대전 중에 개발되었으며 어떻게 발전해왔는지를 설명하면서 자연스럽게 컴퓨터를 구동하는 '비트'와 이진법의 개념, 논리게이트들을 소개합니다. 그리고 고전 컴퓨터와 양자컴퓨터가 어떻게 다른가, 하는 문제는 양자역학의 중요한 개념인 파동함수 또는 상태함수의 중첩원리로 설명합니다. 중첩원리를 설명하는 예로써, 유명한 슈뢰딩거의 고양이 패러독스를 수식으로 전개해나갑니다. 이로써 독자를 좀 더 물리학의 학문적 영역으로 이끌며, 이후 양자정보의 기초가 되는 '큐비트'의 정의를 설명하고, 큐비트를 조작하는 기술인 양자게이트를 소개합니다. 또한 텐서곱에 관한 것도 예시를 통해 쉽게 이해할 수 있도록 풀어나가는 것이 인상적입니다.

이 책의 네 번째 만남에서는 양자역학의 철학적 논쟁인 EPR 패러독스를 다루고 있습니다. 가설적으로 제시된 양자역학의 얽힘 이론에 대한 과학자들의 반박과 그 반박에 대항하는 증명 과정을 통하여 양자역학의 발전사를 엿볼 수 있습니다. 결국 실험을 통하여 양자 얽힘의 가능성이 증명되었고, 이는 양자정보 시대로 나아가게 하는 추진력이 되었음을 알 수 있습니다. 이 책의 매우 유용한 장점 중 하나는 중요하고 유명한 오리지널 논문들을 부록에 수록하고 있다는 것입니다. 그중 하나인 EPR 패러독스에 관한 아인슈타인-포돌스키-로젠의 논문을 손쉽게 접할 수 있어서 기뻤습니다. 비록 내용적인 면에서 어려울 수 있겠으나 전문을 읽어볼 기회가 주어져 매우 감사한 마음이 듭니다.

이후 저자는 본격적으로 양자 알고리즘과 양자컴퓨터에 관한 이야기를 소개합니다. 양자순간이동이 양자 얽힘과 어떻게 연관되는지, 그리고 실제 통신이나 위성에서 활용할 수 있음을 밝혀낸 실험을 설명하고 있습니다. 비록 양자게이트와 얽힘의 관계를 설명하는 부분에서 수학적으로 어렵고 수식들의 전개과정을 모두 이해하지 못할 수도 있겠으나, 도출되는 결과가 주는 물리학적·과학기술적 의미는 충분히 이해할 수 있을 것입니다. 이 책에서는 여러 물리학자의 학문적 업적뿐만 아니라, 어린 시절 성장배경과 연구 과정도 소개하고 있는데, 양자순간이동을 연구한 차일링거 박사도 그중 하나입니다. 그래서 저도 그들과의 만남이 매우 즐거운 시간이었습니다. 이 책을 접하는 독자분들도 이에 공감하실 것입니다.

『세상에서 가장 쉬운 과학 수업: 양자정보』는 양자정보 시대를 살아가게 될 우리 청소년들과 일반인들, 양자역학과 양자컴퓨터에 대해 더 알고 싶어 하는 모든 이들의 과학적 소양을 넓히는 데 도움이 될 것입니다. 또한 양자 얽힘이나 큐비트와 같은 새로운 개념(패러다임)을 이해하는 데 도움이 될 것으로 생각합니다.

천재 과학자들의 오리지널 논문을
이해하게 되길 바라며

저는 2004년부터 지금까지 주로 초등학생을 위한 과학 수학 도서를 써왔습니다. 초등학생을 위한 책을 쓰면서 아주 즐겁지만, 한편으로 수학을 사용하지 못하는 점이 못내 아쉬웠습니다. 그래서 수식을 사용할 수 있는 일반인 대상 과학책을 써 볼 기회가 저에게도 주어지기를 희망해왔습니다.

저는 1992년 KAIST(한국과학기술원)에서 이론물리학의 한 주제인 '초중력이론'으로 박사학위를 받고 운 좋게도 1992년 30세의 나이에 교수가 되어 현재까지 경상국립대학 물리학과에서 교수로 근무하고 있습니다. 저는 매년 20여 편 이상의 논문을 수학이나 물리학의 세계적인 학술지 『SCI 저널』에 게재합니다. 여가에는 취미로 집필 활동을 합니다.

그동안 양자역학과 상대성이론에 관한 책은 전 세계적으로 헤아릴 수 없을 정도로 많고 앞으로도 계속 나오게 되겠지요. 대부분의 책들은 수식을 피하고 양자역학이나 상대성이론과 관련된 역사 이야기들 중심으로 쓰여 있어요. 제가 보기에는 일반인 독자들이 수학 꽝이라고 생각하고 너무 피해 가는 것 아닌가 합니다. 저는 일반인 독자들의 수준도 꽤 높아졌고 수학을 피해 가지 말고 그들도 천재 물리학자들의 오리지널 논문을 이해하면서 앞으로 도래할 양자(퀀텀)의 시대와 상대성 우주의 시대를 멋지게 맞이할 수 있게 도움을 줄 수 있을 거라는 생각에서 이 기획을 하게 된 것입니다.

이 시리즈는 많은 일반인에게 도움을 줄 수 있다고 생각합니다. 선행학습을 통해 고교수학을 알고 있는 초·중등 과학영재, 현재 고등학생이면서 이론물리학자가 꿈인 학생, 현재 이공계열 대학생으로 양자역학과 상대성원리를 좀 더 알고 싶어 하는 사람, 아이들에게 위대한 물리 논문을 소개해주고 싶은 초·중·고 과학 선생님들, 전기·전자 소자, 반도체, 양자 관련 소자나 양자암호시스템과 같은 일에 종사하는 직장인, 우주·항공 계통의 일에 종사하는 직장인, 양자역학과 상대성이론을 좀 더 알고 싶어 하는 실험물리학자, 어릴 때부터 수학과 과학을 사랑했던 직장인(특히 양자역학이나 상대성이론에 의한 우주이론에 관심 있는 직장인), 이론물리학자를 꿈꾸는 자녀를 둔 부모, 양자역학이나 상대성이론에 의한 우주이론을 통해 「인터스텔라」를 능가하는 영화를 만들고자 하는 영화 제작자, 양자역학이나 상대성이론에 의한 우주이론을 통해 웹툰을 만들고자 하는 웹튜너 등 많은 사람이 제가 이 시리즈를 추천하고 싶은 일반인들입니다.

저는 이 책에서 고등학교 정도의 수식을 이해하는 일반인들에게 초점을 맞추었습니다. 물론 이 시리즈의 논문에 고등학교 수학을 넘어서는 수학도 사용하지만, 고등학교 수학만 알면 이해할 수 있도록 설명했습니다. 이 책을 읽고 독자들이 천재 과학자들의 오리지널 논문을 얼마나 이해할지는 개인에 따라 다를 거로 생각합니다. 책을 다 읽고 100% 이해하는 독자도 있을 거고, 70% 이해하는 독자도 있을 거고, 30% 미만으로 이해하는 독자도 있을 거로 생각합니다. 제가 판단하기에 이 책의 30% 이상 이해한다면 그 독자는 대단하다는 생각이 듭니다.

이 책에서 저는 양자정보에 대한 네 개의 논문(1935년 아인슈타인-포돌스키-로젠, 1964년 벨의 논문, 1981년 아스페 그룹의 논문, 1997년 차일링거 그룹의 논문)을 다루었습니다. 이 책을 쓰기 위해 이 논문을 수십 번 읽고 또 읽고 어떻게 이 어려운 논문을 일반인들에게 알기 쉽게 설명할까 고민 또 고민했습니다.

우리는 매일 수많은 '정보'를 주고받습니다. 스마트폰을 통해 메시지를 주고받고, 검색창에 질문을 던지고, 누군가의 말 한마디에 마음이 흔들립니다. 이 책에서는 고전 정보과학의 역사와 20세기 중반, 정보에 처음 과학적 정의를 부여한 벨 연구소의 클로드 섀넌의 고전정보이론을 자세하게 다루었습니다. 클로드 섀넌은 「A Mathematical Theory of Communication」이라는 논문을 발표하며, '정보'를 처음으로 수학적으로 정의했습니다. 그는 정보의 본질을 "불확실성의 감소"로 보았고, 그 불확실성은 비트로 측정될 수 있다고 생각했습니다.

고전 정보과학에 대한 논의가 끝난 후 저는 양자정보의 세계로 여러분들을 초대했습니다. 양자와 정보의 만남 속에서 탄생한 큐비트(Qubit)의 탄생 이야기, 양자게이트 이야기, 아인슈타인-포돌스키-로젠 패러독스, 벨 부등식과 얽힘 이야기, 클라우저와 아스페의 실험 이야기, 도이치와 요자의 양자알고리즘 이야기, 차일링거의 양자순간이동 이야기를 다루었습니다. 이러한 백그라운드를 통해 여러분들은 양자정보란 어떤 과학인지를 이해할 수 있으리라 생각합니다.

일반인들은 과학, 특히 물리학 하면 '넘사벽'이라고 생각합니다. 제가 외국 사람들을 만나서 얘기할 때마다 느끼는 점은 그들은 고등학교까지 과학을 너무 재미있게 배웠다는 사실입니다. 그래서인지 과학에 대해 상당히 많이 알고 있는 일반인들이 많았습니다. 그래서 노벨 과학상도 많이 나오는 게 아닐까 생각해요. 한국은 노벨 과학상 수상자가 한 명도 없는 나라입니다. 이제 일반인의 과학 수준을 높여 노벨 과학상 수상자가 매년 나오는 나라가 되었으면 하는 게 제 소망입니다. 일반인들의 과학 수준이 높아지면 교수들이 연구를 게을리 하는 일은 없어지지 않을까요?

끝으로 용기를 내서 이 책의 출간을 결정해준 성림원북스의 이성림 사장과 직원들에게 감사를 드립니다. 이 책의 초안이 나왔을 때,

수식이 많아 출판사들이 꺼릴 것 같다는 생각을 많이 가졌습니다. 성림원북스를 시작으로 몇 군데 출판사에 출판을 의뢰한 후 거절당하면 블로그에 올릴 생각으로 글을 써 내려갔습니다. 놀랍게도 첫 번째로 이 원고의 이야기를 나눈 성림원북스에서 이 책의 출간을 결정해 주어서 이 책이 나올 수 있게 되었습니다. 이 책을 쓰는데 필요한 프랑스 논문의 번역을 도와준 아내에게도 고마움을 표합니다. 그리고 이 책을 쓸 수 있도록 멋진 논문을 만든 차일링거 박사님에게도 감사를 드립니다.

진주에서 정완상 교수

양자 세계의 문이 열리다
_ 도이치 박사가 말하는 차일링거의 양자정보 혁명

기자　오늘은 1997년 차일링거 박사님의 양자순간이동 논문에 관해 양자알고리즘을 세계 최초로 만들어낸 도이치 박사님과 인터뷰를 진행합니다. 도이치 박사님, 나와 주셔서 감사합니다.

Dr. 도이치　제가 제일 존경하는 과학자인 차일링거 박사님의 논문에 관한 내용이라 만사를 제치고 달려왔습니다.

기자　양자정보란 어떤 내용을 다루는 학문인가요?

Dr. 도이치　아주 훌륭한 질문이군요. 양자정보는 말하자면 '정보'라는 개념을 양자역학의 법칙 아래서 새롭게 바라보는 학문입니다. 우리가 흔히 말하는 0과 1, 비트(bit) 대신에 큐비트(qubit)라는 것을 사용하죠. 큐비트는 0과 1이 양자 중첩된 상태이지요. 큐비트의 얽힘 현상이 양자정보의 핵심 기술로 연결됩니다.

기자　얽힘이 뭐죠?

Dr. 도이치　양자 얽힘은 두 입자가 서로 아무리 멀리 떨어져 있어도, 마치 한 몸처럼 동작한다는 놀라운 현상이에요. 이를 이용하면 양자통신, 양자암호, 그리고 양자순간이동 같은 혁신적인 기술이 가능해지죠.

기자　와, 정말 영화 같네요.

국소성과 실재론을 동시에 배제한 최초의 실험

기자   차일링거 박사님의 1997년 논문에는 어떤 내용이 담겨 있나요?

Dr. 도이치   차일링거 박사님의 1997년 논문은 양자역학의 철학적·물리적 논쟁에 마침표를 찍은 명작입니다. 그 논문에서 그는 '양자 얽힘 상태에서의 비국소성(nonlocality)'이 실험적으로도 명확히 드러났다는 것을 보여줬어요.

기자   비국소성이라…. 그게 어떤 의미인가요?

Dr. 도이치   쉽게 말해서, 한 입자의 측정 결과가 즉시 다른 입자에 영향을 준다는 뜻입니다. 물론 정보가 빛보다 빠르게 전달되는 건 아니지만, 양자 얽힘은 두 입자를 하나의 시스템처럼 만든다는 걸 의미하죠. 차일링거는 이걸 실험적으로 아주 정교하게 입증해 냈습니다.

기자   그럼 이전의 실험들과는 뭐가 달랐던 건가요?

Dr. 도이치   아주 중요한 차이점이 있죠. 이전 실험들, 예를 들어 클라우저나 프리드먼의 실험은 '국소성'과 '실재론'을 모두 배제할 수 없었어요. 측정 각도를 미리 정해놓거나 장비 간의 거리가 충분치 않아서 논리적으로 완벽하진 않았죠. 하지만 차일링거는 1997년 실험에서 얽힌 광자 쌍이 날아오는 도중에 측정 장비의 설정을 무작위로 바꿔버렸어요! 그것도 나노초 단위로요.

기자   입자가 날아오고 있는 도중에요? 말 그대로 '중간에 바꿨다'는 거네요?

Dr. 도이치 그렇죠! 이건 '측정 설정의 자유의지'를 보장하면서도 입자들이 서로 정보를 주고받을 시간조차 주지 않는 설계입니다. 덕분에 "이건 사전에 짠 각본이야"라고 말할 수 없게 된 거죠. 아인슈타인은 "신은 주사위를 던지지 않는다"고 했죠. 하지만 차일링거는 "자연은 주사위를 던질 뿐 아니라, 그 결과를 우리로 하여금 절대 예측할 수 없도록 만든다"는 걸 보여준 겁니다. 우주는 본질적으로 확률적이며, 얽힘은 현실의 일부라는 것. 그것이 1997년 논문의 가장 큰 메시지입니다.

기자 듣기만 해도 손이 떨릴 정도네요. 그 논문을 본 순간 도이치 박사님은 어떤 생각이 드셨어요?

Dr. 도이치 저는… 마치 오랜만에 고전 현악 4중주를 듣다가, 마지막 악장에서 우주의 구조를 들은 느낌이었죠. 아름다웠고, 섬뜩했고, 그리고 아주 과학적이었습니다.

양자역학에 대한 회의에 종지부를 찍다

기자 차일링거 박사님의 1997년 논문은 어떤 변화를 불러왔나요?

Dr. 도이치 아, 그건 아주 중요한 질문입니다. 차일링거 박사님의 1997년 논문은 단순히 한 편의 논문이 아니라, 양자역학에 대한 신뢰를 '이론'에서 '현실'로 끌어올린 사건이었습니다.

기자 신뢰를 현실로요?

Dr. 도이치 그렇습니다. 이전까지 양자 얽힘이나 비국소성은 "이론적으로는 그렇다지만, 정말 그럴까?"라는 회의가 있었어요. 아인슈타인조차 '숨은 변수'가 있을 거라고 믿었죠. 그런데 차일링거는 이론적으로만 가능하던 실험을, 기술의 진보를 통해 실제로 구현해낸 겁니다.

기자 구체적으로 어떤 기술이 달라진 건가요?

Dr. 도이치 첫째는 빠른 랜덤 제어 시스템, 둘째는 얽힌 광자 쌍을 멀리 보내는 정밀 광학 기술, 그리고 셋째는 광자의 경로를 나노초 단위로 조작할 수 있는 편광기 시스템이죠. 이 세 가지가 결합해 빛보다 빠르게 정보가 전달될 수 없다는 상대성이론의 제약 안에서, 얽힘의 영향을 완전히 독립적으로 입증할 수 있게 된 거예요.

기자 그러니까… 더 이상 변명할 수 없게 만들었다는 말씀이신가요?

Dr. 도이치 맞습니다. 과거에는 항상 "측정자가 미리 알았던 거 아냐?" "기계가 우연히 그렇게 작동한 거 아냐?"라는 의심이 따라붙었어요. 하지만 1997년 실험은 그런 의심을 모두 차단했습니다. '자유의지 가정'과 '국소성 가정'을 동시에 만족시키는, 최초의 고전적 대안이 없는 실험이었죠.

기자 그래서 양자정보 분야에도 변화가 있었던 건가요?

Dr. 도이치 엄청난 변화가 있었죠. 양자암호, 양자통신, 양자컴퓨터가 단지 '이론적 가능성'이 아니라, 이제는 현실적 기술 개발의 대상으로 확장되기 시작했어요. 차일링거의 논문은, 비유하자면 뉴턴의 사과가 떨어진 순간과 같았다고 저는 생각합니다. 그 이후로는 '양자 얽힘은 존재할 수도 있다'가 아니라, '얽힘은 존재하고, 우리가 그것을 쓸 수 있다'가 되었거든요.

기자 양자 얽힘을 쓴다는 말… 뭔가 두렵기도 하고, 멋지기도 하네요.

Dr. 도이치 맞습니다. 과학이란 원래 그런 거예요. 경이롭고, 때로는 불안하지만, 결국엔 인류가 진리를 향해 한 발짝 더 다가가게 해주는 빛이죠. 그리고 1997년, 차일링거는 우리에게 그 빛의 방향을 정확히 가리켜주었습니다.

기자 그렇군요. 지금까지 차일링거 박사님의 양자순간이동 논문에 관해 도이치 박사님의 이야기를 들어보았습니다.

첫 번째 만남

고전 정보이론과 컴퓨터의 탄생

정보는 어떻게 시작되었는가 _ 문자에서 암호까지, 인류의 정보혁명 연대기

물리군 정보이론은 언제 시작되었나요?

정교수 아주 오래전부터 사람들은 정보의 필요성을 느끼고 있었지. 인간이 살아가는 데 가장 먼저 필요한 것은 '생존'이지만, 그다음으로 중요한 것은 '소통'이었어. 초기 인류는 말과 몸짓을 통해 사냥터의 위치를 알리고, 위험을 경고하고, 감정을 전달했어. 하지만 소리는 금세 사라졌고, 몸짓은 공간을 떠나면 무력해졌지. 말은 빠르게 날아가고, 기억은 쉽게 사라졌어. 그래서 사람들은 정보를 남기고 싶어 했어.

이때 등장한 것이 바로 문자이다. 기원전 3000년경, 수메르와 이집트에서 각각 쐐기문자와 상형문자가 출현했다. 점토판에 쐐기 모양을 새기거나 파피루스에 상징적 그림을 그리는 방식이었다. 이러한 문자는 단순히 말의 기록이 아니라 정보를 기호화하고 저장하려는 최초의 시도였다.

쐐기문자

정보는 이때부터 물성을 갖기 시작했다. 더 이상 머릿속에서만 존재하지 않고, 점토판이나 돌, 가죽, 대나무에 새겨지며 외부 저장장치로 확장된 것이다. 기록은 문명과 함께 발달했다. 메소포타미아의 세금 기록, 이집트의 신전 장부, 인더스 문명의 도장, 중국 은나라의 갑골문… 이 모든 것은 "정보는 남겨야 한다"는 인류의 본능을 보여준다.

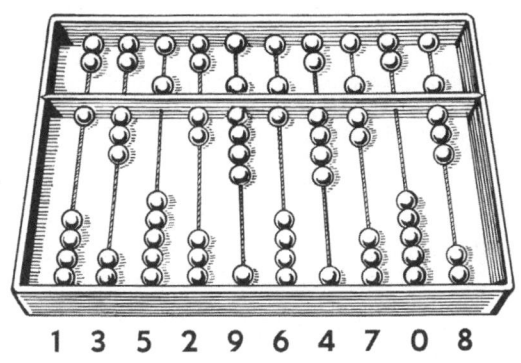

정보를 남기고 계산할 수 있게 되자, 이제는 정보를 감추려는 욕구가 생겼다. 정보는 단순히 존재하는 것이 아니라 권력과 비밀이 되었기 때문이다. 기원전 500년경, 고대 스파르타에서는 '스키탈레(scytale)'라는 암호 장치가 사용되었다. 이것은 가느다란 막대에 양피지를 감고 그 위에 글을 쓰는 방식이었다. 막대를 풀면 내용이 흐트러지고, 같은 굵기의 막대를 가진 사람만 글을 읽을 수 있었다. 스키탈레는 오늘날의 암호학 원리, 즉 키(key)를 이용한 정보 접근 제어의 원형이라 할 수 있다. 정보는 이제 단순히 기록되는 것을 넘어서,

공개와 비공개, 접근 가능성과 불가능성으로 나뉘기 시작했다.

고대의 정보는 점점 구체화되고 체계화되었다. 사람들은 기억하지 않아도 되는 것을 기록했고, 기록한 정보를 보존하고, 전달하고, 때로는 숨기기 시작했다. 이 과정에서 정보는 인간 내부의 정신 작용에서 외부의 물질적 형상으로 변해갔다.

말 → 문자 → 문서
손가락 → 주판 → 계산
기억 → 암호화 → 비밀

정보는 더 이상 사람 안에만 머무는 것이 아니었다. 점점 더 많은 정보가 돌판 위에, 점토 위에, 파피루스 위에, 그리고 언젠가는 카드와 테이프, 하드디스크 위에 쓰이게 된다. 정보의 기록은 인간의 기억력을 넘어서기 위한 첫 도전이었다. 계산의 도구화는 논리적 추론의 기반을 확립했고, 암호의 발명은 정보의 선택적 전달과 보안 개념을 탄생시켰다. 이처럼 고대 인류는 말없이 말하는 법을, 손대지 않고 계산하는 법을, 보여주지 않고 전달하는 법을 하나씩 배우기 시작했다.

암호를 푼 철학자, 알 킨디 _빈도 분석의 시작과 정보과학의 태동

물리군   교수님, '빈도 분석'이 암호 해독에서 중요하다고 들었어요. 그런데 누가 그런 걸 제일 먼저 생각했나요?

정교수   아주 좋은 질문이야. '빈도 분석'은 오늘날 암호 해독의 핵심 기술 중 하나인데, 그 기원을 9세기 이슬람의 철학자이자 과학자 알 킨디(Al-Kindi, 801~873)에게서 찾을 수 있어.

알 킨디가 그려진 우표 디자인

물리군   9세기요? 그렇게 오래됐어요?

정교수   그렇지. 당시 알 킨디는 바그다드의 '지혜의 집(Bayt al-Hikma)'이라는 학문 연구소에서 활동했어. 이곳은 당시 세계에서 가장 진보된 지식이 모인 곳이었지. 그는 수학, 천문학, 철학, 음악 등

다양한 분야를 연구했는데, 그중에서도 눈부신 업적이 바로 암호 해독, 특히 빈도 분석법이야.

알 킨디는 9세기 초, 지금의 이라크 지역 쿠파에서 태어났다. 그는 킨다족의 후손으로, 초기 이슬람 사회의 정치 엘리트 계층에 속했다. 그의 아버지는 바스라 주지사였고, 어린 알 킨디는 문법, 수학, 철학을 배우며 자랐다. 그러나 운명은 그의 재능을 더 넓은 세계로 이끌었다. 그가 도착한 곳은 당시 학문과 번역의 중심지, 바그다드의 지혜의 집(Bayt al-Hikma)이었다. 그곳에서 그는 아리스토텔레스, 유클리드, 갈레노스, 프톨레마이오스의 사상과 만났고, 그리스 철학과 이슬람 신학을 통합하는 시도를 감행했다. 이는 단순한 번역의 문제가 아니었다. 그것은 새로운 사유의 탄생, 곧 이슬람 철학의 시작이었다.

바그다드의 지혜의 집

많은 이들이 알 킨디를 '이슬람의 아리스토텔레스'라 부르지만, 또 다른 이름이 있다. 바로 '암호 해독의 아버지(Father of Cryptanalysis)'이다. 당시 이슬람 제국에서는 군사, 정치, 종교적 기밀을 유지하기 위해 다양한 암호가 사용되었다. 알 킨디는 이들 암호를 체계적으로 분석하려 한 최초의 인물이었다. 그는 '문자의 빈도 분석'이라는 혁신적 방법을 제안한다.

예를 들어 아랍어에서 가장 많이 등장하는 글자는 무엇이며, 암호문에서 가장 자주 등장하는 문자를 그것과 연결해보면 어떨까? 이는 오늘날까지도 치환 암호 해독의 기본 원리로 남아 있으며, 그의 저서 「암호 해독을 위한 논문(Risala fi Istikhraj al-Mu'amma)」은 세계 최초의 암호학 논문으로 기록된다.

그러나 학문은 언제나 정치와 무관할 수 없다. 칼리프 알 마문과 무타심 시절, 알 킨디는 왕의 조언자이자 왕자의 스승이었고, 지혜의 집에서 가장 신뢰받는 인물 중 하나였다. 그러나 정권이 바뀌고 종교적 엄격함이 강화되자, 그의 철학적 사유는 이단으로 간주되기 시작한다. 칼리프 알 무타왁킬은 비정통 신학자들에 대한 박해를 시작했고, 알 킨디는 채찍질을 당했고, 그의 개인 도서관은 몰수당했다.

그의 죽음 이후, 알 킨디의 이름은 이슬람 학계에서조차 잊혔다. 후대의 거목들, 알 파라비와 아비센나는 그를 계승하면서도 빛을 가렸다. 몽골의 침입은 그나마 남은 문헌을 불태웠고, 그의 철학은 다시 발견되기까지 거의 1천 년의 시간이 걸렸다. 그러나 오늘날, 우리는 안다. 정보의 시대에, 암호화된 메시지를 풀기 위해 인공지능을 호출

할 때, 그 모든 시작은 그가 말했던 단 한 줄에서 비롯되었음을.

물리군 '빈도 분석'이란 게 정확히 뭐예요?

정교수 아주 간단한 아이디어야. 예를 들어 영어 문장에서 가장 자주 쓰이는 글자가 뭘까?

물리군 음… 'e'?

정교수 맞아! 영어에서는 'e'가 가장 많이 쓰이고, 그다음으로는 't', 'a', 'o', 'i', 'n' 등이 뒤따라. 알 킨디는 이런 문자 사용 빈도를 이용해 치환 암호(cipher)를 푸는 방법을 고안했지.

물리군 치환 암호요?

정교수 어떤 문장을 쓸 때, 각 문자를 다른 문자로 바꿔서 쓰는 방식이야. 예를 들어 A → M, B → N, C → O… 이런 식으로. 만약 누군가 이런 암호문을 훔쳐봤다고 해도, 키를 모르면 읽을 수 없겠지. 그런데…

물리군 …그런데, 자주 나오는 문자가 뭔지를 보면 추측할 수 있다?

정교수 정확해! 알 킨디는 아랍어에서 어떤 문자가 가장 많이 쓰이는지를 먼저 조사한 다음, 암호문에서 가장 자주 등장하는 문자가 뭔지를 비교했어. 그리고 그 빈도에 따라 어떤 문자가 어떤 글자를 대신했는지를 추론한 거야.

물리군 와, 마치 언어 퍼즐 같네요! 단서가 글자 수에 숨어 있다니.

정교수 그렇지. 이 방법은 지금도 단순 치환 암호를 해독하는 데 널리 쓰이고 있어. 재밌는 건 알 킨디가 이걸 단순한 추측이 아니라 통계와 언어학적 분석을 통해 정교하게 제안했다는 거야.

물리군 알 킨디가 남긴 기록도 있어요?

정교수 물론이지! 그는 「암호 해독을 위한 논문」이라는 논문에서 그는 "암호 해독은 과학이다"라고 주장했지. 이는 암호 해독을 직관이 아닌 체계적인 분석 대상으로 본 최초의 시도였어.

물리군 진짜 멋진데요. 중세 이슬람 과학자들이 이렇게 현대 정보이론의 뿌리를 만들었다는 게 신기해요.

정교수 맞아. 알 킨디는 '아라비아 암호해독의 아버지'로 불릴 만한 충분한 업적을 남겼지. 그의 아이디어는 훗날 르네상스 시대의 암호학, 그리고 현대 정보보안 이론에도 뿌리처럼 이어졌단다.

0과 1로 보는 세상 _ 주역이 라이프니츠에게 가르쳐준 디지털의 뿌리

정교수 고전 정보이론의 시작은 2진법의 등장부터라고 볼 수 있어. 이진법은 0과 1만으로 모든 수를 나타내는 표기법이지.

물리군 2진법은 누가 처음 알아냈죠?

정교수 영국의 철학자이자 정치인인 베이컨은 두 개의 알파벳 로 모든 알파벳을 나타내는 암호를 만들었어.[1] 이것을 '베이컨의 암호'라고 불러.

---

1) Bacon, Francis (1605), "The Advancement of Learning", London, Chapter 1.

프랜시스 베이컨(Francis Bacon, 1561~1626, 영국)

Letter	Code	Letter	Code	Letter	Code	Letter	Code
A	aaaaa	G	aabba	N	abbaa	T	baaba
B	aaaab	H	aabbb	O	abbab	U, V	baabb
C	aaaba	I, J	abaaa	P	abbba	W	babaa
D	aaabb	K	abaab	Q	abbbb	X	babab
E	aabaa	L	ababa	R	baaaa	Y	babba
F	aabab	M	ababb	S	baaab	Z	babbb

베이컨의 암호

물리군 이것은 암호를 만든 거지, 수학에서 이야기하는 2진법을 만든 건 아니에요.

정교수 맞아. 수학에서 배우는 2진법을 처음 만든 사람은 독일의 수학자 라이프니츠[2]야.

---

2) 〈반입자〉(성림원 북스) 참고

고트프리트 빌헬름 라이프니츠
(Gottfried Wilhelm Leibniz, 1646~1716)

물리군 라이프니츠는 어떻게 이진법을 만들게 된 거죠?

정교수 라이프니츠는 그 당시 중국 베이징에 있는 프랑스 전도사 부베 신부(Joachim Bouvet, 1656~1730)와 편지를 주고받고 있었지. 부베 신부는 라이프니츠에게 주역을 소개했어.

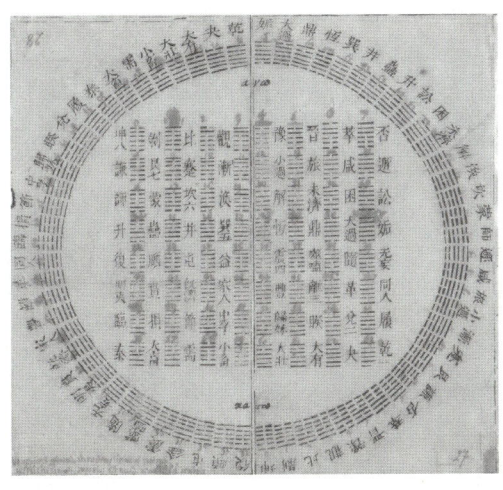

부베 신부가 라이프니츠에게 보낸 주역의 일부

물리군 주역은 어떤 책이죠?

정교수 주역은 역경이라고 부르는데, 중국의 고전인 삼경 시경, 서경, 역경³중의 하나야. 주역은 세상의 변화에 관한 원리를 기술한 책인데 이 책에는 8괘가 등장하지.

서죽을 조작해 남은 수가 홀수일 때는 양(陽)이라고 하고

―

로 나타내며, 남은 수가 짝수일 때는 음(陰)이라고 하고

- -

로 나타낸다. 이것을 세 번 반복해 얻는 여덟 가지 조합을 '팔괘'라고 부른다.

서죽

---

3) 시경, 서경, 역경

라이프니츠는 팔괘를 0부터 7까지의 8개의 수에 대응시킬 수 있다고 생각했다.

7	☰	乾 (건)
6	☱	兌 (태)
5	☲	離 (리)
4	☳	震 (진)
3	☴	巽 (손)
2	☵	坎 (감)
1	☶	艮 (간)
0	☷	坤 (곤)

라이프니츠는 홀수는 2로 나눈 나머지가 0인 수이고, 짝수는 2로 나눈 나머지가 1인 수이므로, 2로 나눈 나머지로 모든 수를 나타낼 수 있다고 생각했다. 즉, 0을

- -

으로 1을

―

로 나타내고, 팔괘에 있는 수들을 아래부터 위로 차례로 쓰면,

0 ↔ 000
1 ↔ 001
2 ↔ 010
3 ↔ 011
4 ↔ 100
5 ↔ 101
6 ↔ 110
7 ↔ 111

로 나타낼 수 있다. 라이프니츠는 1879년 이진법 수 체계의 내용을 담은 논문을 발표했다.[4]

기계로 계산하다 _ 쉬카르드에서 라이프니츠까지, 계산기의 탄생과 진화

정교수 이제 계산기 발명의 역사를 알아볼게. 최초의 계산기를 발명한 사람은 독일의 쉬카르드야.

---

4) Leibniz G., Explication de l'Arithmétique Binaire, Die Mathematische Schriften, ed. C. Gerhardt, Berlin 1879, vol. 7, p. 223.

빌헬름 쉬카르드(Wilhelm Schickard,
1592~1635, 독일)

쉬카르드는 독일 헤렌베르크에서 태어나 튀빙겐 대학에서 교육을 받고 1613년 루터교 목사가 되었고 1619년에는 튀빙겐 대학의 히브리어 교수가 되었다. 쉬카르드는 천문학에도 조예가 깊어 1631년에는 튀빙겐 대학의 천문학 교수가 되었다.

튀빙겐 대학

첫 번째 만남 _ 고전 정보이론과 컴퓨터의 탄생   039

1623년과 1624년에 쉬카르드는 케플러에게 자신이 발명한 계산기에 관해 알렸다. 그가 발명한 계산기는 덧셈, 뺄셈, 곱셈, 나눗셈이 가능한 최초의 계산기였다.

쉬카르드의 계산기

1642년, 파스칼은 세무 감독관으로 일하며 일일이 수작업으로 수많은 양의 세금을 계산하느라 고생하는 아버지를 위해서 톱니바퀴를 이용한 기계식 계산기를 만들었는데, 이 계산기는 덧셈과 뺄셈만 가능했다.

파스칼의 계산기

그 후 독일의 수학자 라이프니츠는 1673년부터 1720년 사이에 기어를 이용한 보다 개량된 계단식 계산기를 발명했다.

라이프니츠의 계산기

라이프니츠의 계산기 내부

컴퓨터의 아버지, 찰스 배비지 _ 차분기관과 분석 엔진의 탄생

정교수 세계 최초의 기계식 컴퓨터인 차분기관(Difference Engine)을 만든 수학자 배비지에 대해 알아볼게. 배비지는 '컴퓨터의 아버지'로 불려.

찰스 배비지(Charles Babbage, 1791~1871, 영국)

런던에서 태어난 배비지는 1810년 케임브리지 대학 트리니티 칼리지에 입학했다. 배비지는 1812년 케임브리지 대학의 피터하우스(Peterhouse)로 학교를 옮겨 1814년에 학위를 받았다. 피터하우스는 케임브리지 대학의 31개 칼리지 중에서 가장 먼저 생긴 대학이다.

피터하우스

1819년에서 1822까지 배비지는 소수점 이하 여덟 자리까지 계산 및 제곱과 세제곱의 계산 및 방정식의 근을 구할 수 있는 계산기를 만들었는데, 이것을 '차분기관'이라고 부른다. 1823년에 그는 소수점 이하 20자리까지 계산을 할 수 있었다. 차분기관은 톱니바퀴의 위치로 표시되는 장치인데, 톱니가 있는 바퀴 중 하나가 9에서 0으로 회전하면 다음 바퀴의 숫자가 1 증가하는 장치이다.

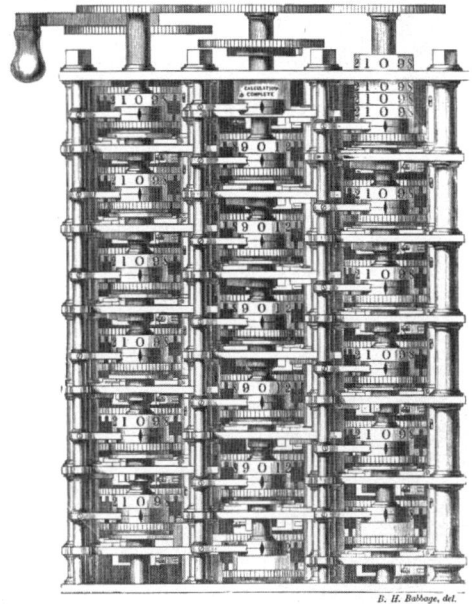
차분기관

　1837년 배비지는 차분기관의 후속으로 분석 엔진을 발명했다. 분석 엔진은 최초의 컴퓨터로 간주할 수 있다.

분석 엔진

분석 엔진의 입력장치는 천공카드였고 출력 장치는 프린터 또는 플로터였다.

천공카드를 만드는 모습

0과 1의 논리, 불대수의 세계 _ 조지 불과 디지털 논리의 기초

정교수 이제 이진법을 이용한 대수인 불대수로 유명한 불에 대해 알아볼게.

조지 불(George Boole, 1815~1864, 영국)

불은 영국 잉글랜드 링컨셔주 링컨에서 태어났다. 불의 아버지는 구두를 만드는 사람이었지만 여러 나라의 언어를 공부했고 수학과 과학을 공부했다. 불의 아버지는 불에게 수학과 과학을 가르쳤다. 불은 빈민 자녀들을 위한 내셔널 스쿨에서 초등교육을 받았다. 불은 16세부터 4년 동안 초등학교의 보조 교사를 했고, 19세에 링컨에 자신의 학교인 프리스쿨 레인(Free School Lane)을 설립했다.

불은 라플라스의 『천체역학』, 라그랑주의 『해석역학』을 독학했다. 불은 1841년 처음으로 대수적 불변식론의 기초를 닦은 논문을 발표했다. 그는 이를 『케임브리지 수학 잡지』에 기고했고, 이 업적으로 그는 1849년 영국 퀸스 칼리지의 수학 교수가 되었다.

연구 중인 불

불의 가장 유명한 업적은 기호논리학과 논리대수로, 현재 '불대수'라고 불리는 내용이다. 그의 연구는 『논리와 확률의 수학적 기초를 이루는 사고 법칙 연구(An investigation into the laws of thought on which are founded the mathematical theories of logic and probabilities)』(1854)라는 책에 자세히 서술되어 있다.

물리군 불대수가 뭐죠?

정교수 불대수를 이해하려면 먼저 진릿값에 대해 알아야 해. 진릿값은 명제의 내용이 참인지 거짓인지를 나타내는 값이야. 어떤 변수가 진릿값을 가질 때 그 변수를 '논리변수'라고 부르지.

즉, x가 논리변수라면

$x = 참$

또는

$x = 거짓$

이다. 컴퓨터에서는 이진법으로 진릿값을 0과 1로 택한다. 즉

$x = 참$ 이면 $x = 1$

$x = 거짓$ 이면 $x = 0$

로 택한다.

이제 '부정'에 대해 알아보자. 부정은 참을 거짓으로 거짓을 참으로 바꾸는 논리연산이다. 논리변수 x에 대한 부정을

$\overline{x}$

라고 쓴다. 그러므로

$x = 참$ 이면 $\overline{x} = 거짓$

$x = 거짓$ 이면 $\overline{x} = 참$

이다.

즉, $x = 0$이면 $\overline{x} = 1$이고, $x = 1$이면 $\overline{x} = 0$이므로

$\overline{0} = 1$

$\overline{1} = 0$

이다. 그러므로 일반적으로 다음식으로 나타낼 수 있다.

$\overline{x} = 1 - x$

불은 논리변수에 대해서도 덧셈 곱셈 같은 연산을 만들었는데, 논리합과 논리곱이라고 부른다. 이 연산은 두 개의 논리변수에 대해 정의된다. 논리곱은 두 논리변수가 모두 참일 때만 참이 되고 그 외의 경우는 거짓이 되는 연산이다. 논리곱의 진릿값은 다음과 같다.

x	y	$x \wedge y$
참	참	참
참	거짓	거짓
거짓	참	거짓
거짓	거짓	거짓

이진법 진릿값을 이용하면 다음과 같다.

x	y	$x \wedge y$
1	1	1
1	0	0
0	1	0
0	0	0

그러므로 다음과 같이 말할 수 있다.

$x \wedge y = x \times y = \text{Min}(x, y)$

여기서 $\text{Min}(x, y)$은 x, y 중 작은 수를 나타낸다. 즉,

$\text{Min}(0, 1) = 0$

$\text{Min}(1, 1) = 1$

이다.

논리합은 두 논리변수가 모두 거짓일 때만 거짓이 되고 그 외의 경우는 참이 되는 연산이다. 즉, 두 논리변수 중에 참이 적어도 하나 있으면 논리합은 참이다. 두 논리변수 x, y의 논리합은 $x \vee y$로 나타내며 다음과 같이 정의된다.

x	y	$x \vee y$
참	참	참
참	거짓	참
거짓	참	참
거짓	거짓	거짓

이진법 진릿값을 이용하면 다음과 같다.

x	y	$x \vee y$
1	1	1
1	0	1
0	1	1
0	0	0

그러므로 다음과 같이 말할 수 있다.

$x \vee y = x + y - x \times y = \text{Max}(x, y)$

여기서 $\text{Max}(x, y)$은 x, y 중 큰 수를 나타낸다. 즉,

$\text{Max}(1, 0) = 1$

$\text{Max}(1, 1) = 1$

이다.

논리를 기호로 바꾼 사람, 드모르간 _ 드모르간의 법칙과 현대 논리학

정교수 이번에는 논리를 기호로 바꾼 수학자 드모르간에 대해 알아볼게.

오거스터스 드모르간(Augustus De Morgan,
1806~1871, 영국)

드모르간은 영국령 인도 마두라이에서 태어났다. 그의 아버지는 동인도 회사(East India Company)의 장교였고, 드모르간이 태어난 지 7개월 만에 가족은 영국으로 돌아왔다.

드모르간은 어릴 때부터 비범한 수학적 재능을 보였다. 한쪽 눈이 실명 상태였지만, 수의 관계와 구조를 다루는 데 남다른 직관력을 지녔다. 그는 케임브리지 대학 트리니티 칼리지에 입학했고, 수학에서 뛰어난 성적을 거두었으나, 종교적 신념의 차이로 공식 학위는 거부당했다. 그는 양심적 이유로 성공회 신앙을 고백하지 않았기 때문이었다.

1828년, 런던 대학(University College London)가 설립되면서 드

모르간은 21세의 나이로 수학 교수에 임명되었다. 그는 이곳에서 형식논리, 수학 기초, 대수학 교육을 체계화했으며, 당시로선 혁신적이었던 종교와 무관한 교육 방식을 적극 지지했다. 그의 강의는 정확성과 논리적 엄밀함으로 유명했으며, 그는 수학을 단지 계산의 기술이 아니라, 논리의 언어로 구성된 사고의 학문으로 가르쳤다.

런던 대학

드모르간은 가장 널리 알려진 업적으로 '드모르간의 법칙'을 남겼다. 이 법칙은 단순한 논리 공식이 아니라, 부정이 논리 구조에 어떻게 작용하는지를 설명하는 원리였다. 그는 자연어에서의 모호한 "아니다"라는 개념을 정확하게 기호로 해석해낸 것이다. 드모르간은 이를 바탕으로 불대수(George Boole)의 형성에도 지대한 영향을 주었고, 현대 컴퓨터 논리회로, 집합론, 형식 논리학에까지 영향을 끼쳤다.

불대수에 대한 드모르간 법칙은 다음과 같다.

$$x \wedge y = \overline{\overline{x} \vee \overline{y}}$$

$$x \wedge y = \overline{\overline{x} \wedge \overline{y}}$$

증명은 불대수를 사용하면 간단하다.

$$\overline{\overline{x} \vee \overline{y}}$$

$$= 1 - \overline{x} \vee \overline{y}$$

$$= 1 - (1-x) \vee (1-y)$$

$$= 1 - [(1-x) + (1-y) - (1-x) \times (1-y)]$$

$$= x \times y$$

$$= x \wedge y$$

드모르간은 단지 연구자에 머물지 않았다. 그는 논리학과 수학을 대중화하려는 노력을 게을리하지 않았다. 그는 『Formal Logic(1847)』을 출간하며 논리학을 수학의 한 분야로 확고히 자리 잡게 했고, 당시로써는 생소했던 기호 논리(symbolic logic)의 초석을 놓았다. 또한 그는 "모든 명제는 그 구조가 드러나야 한다"는 뜻을 고수했고, 이를 위해 명제의 진릿값과 구조를 테이블과 기호로 표현하려 시도했다.

드모르간은 작가 소피아 엘리자베스 프랜시스와 결혼했으며, 자녀 중 한 명은 영국의 유명 역사학자 윌리엄 프레더릭 드모르간이 되었다. 그의 집은 지적 대화와 철학 토론이 넘치는 공간이었다. 하지만 동시에, 그는 고집 있고 예민하며, 종종 동료들과 충돌하기도 했다. 그는 런던 대학교수직을 두 번 사임했으며, 그중 한 번은 학교가 교수 채용에서 원칙을 어겼다는 이유였다.

드모르간은 1871년, 영국 최초의 통계 전문기관인 통계학회(Royal Statistical Society)의 회장으로 선출되었다. 같은 해 그는 병을 얻어 1871년 3월 18일, 64세의 나이로 세상을 떠났다. 그가 남긴 가장 큰 유산은 단지 '드모르간 법칙 하나'가 아니라, 논리학을 수학의 체계 안으로 끌어들인 철학적 사고방식이다.

앨런 튜링, 0과 1로 세상을 바꾸다 _ 컴퓨터를 꿈꾼 수학자와 디지털 혁명

이제 컴퓨터의 발명자 앨런 튜링에 관해 이야기해보자.

앨런 튜링(Alan Mathison Turing, 1912~1954, 영국)

튜링은 1912년 영국 런던에서 태어났다. 1922년 튜링은 서식스(Sussex, 현재 East Sussex)의 독립 학교인 헤이즐허스트 예비학교(Hazelhurst Preparatory School)에서 교육받았다. 1926년, 13세의 나이로 그는 도싯(Dorset)에 있는 기숙 독립 학교인 셔번 스쿨(Sherborne School)에 진학했다. 튜링은 1927년 미적분학을 독학으로 깨치고 아인슈타인의 논문을 보기도 했다.

학창시절의 튜링

튜링은 케임브리지 대학 킹스 칼리지에 입학해 수학을 공부하던 중에 「계산 가능한 수에 관하여, 결정 문제에의 응용(On Computable Numbers, with an Application to the Entscheidungsproblem)」(1936)이라는 세상을 깜짝 놀라게 하는 논문을 발표했다. 이 논문에서 그는 기계를 통해 계산할 수 있는 전자계산기의 원리와 컴퓨터에 대한 가능성을 알아냈다. 그의 아이디어는 훗날 폰 노이만이라는 수학자에 의해 좀 더 보완되어, 지금의 컴퓨터를 발명하는 데 크게 기여했다.

케임브리지 대학

튜링은 미국 프린스턴 대학에서 박사학위를 받았다. 학위를 마치고 대학에서는 그에게 조교 자리를 제안했지만 그는 조국을 위해 봉사하기 위해 다시 영국으로 돌아갔다.

1939년 영국의 암호 해독 기관에서 일하게 된 튜링은 나치 독일군의 암호를 해독하는 임무를 맡게 되었다. 이 기간, 그는 누구도 해독하지 못할 거라 여겼던 독일군의 암호인 이니그마를 해독할 수 있게 되었다.

초기 디지털 컴퓨터

제2차 세계대전이 끝난 후 튜링은 맨체스터 대학에서 초기 디지털 컴퓨터인 맨체스터 마크 1의 개발에 참여했고, 영국 최초로 프로그램 내장형 컴퓨터 구조에 대한 논문을 발표했다. 1950년에는 인공지능에 대한 논문 「계산 기계와 지능(Computing machinery and intelligence)」을 발표했다.

튜링은 수학뿐만 아니라 생물학에도 관심이 있어서, 생물의 발생에서 새로운 형태가 생겨나는 과정인 '형태형성'을 모의 실험했다. 그는 생물학을 수학과 물리학을 통해 묘사하는 방법을 알아냈다.

튜링 기계

튜링의 상상, 컴퓨터가 되다 _ 간단한 장치가 만든 복잡한 계산의 세계

이제 '튜링 기계(Turing machine)'에 대해 알아보자. 이것은 튜링이 1937년 제시한 가상의 기계이다. 튜링은 이 기계를 'a-기계'라고 불렀다. 여기서 a는 자동을 나타내는 영어 'automatic'의 첫 철자이다. 그 후 사람들은 튜링의 업적을 기려 '튜링 기계'라고 부르게 되었다. 튜링 기계가 진화되어 현재의 컴퓨터가 되었다.

튜링 기계는 다음과 같은 장치들로 이루어져 있다.

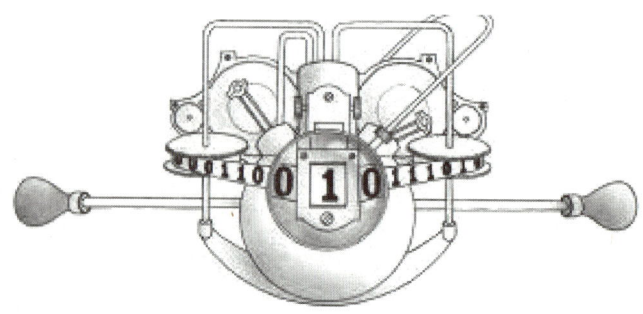

- 테이프(tape): 일정한 크기의 셀(cell)로 나뉜 종이테이프. 각 셀에는 기호가 기록될 수 있다.
- 헤드(Head): 테이프의 셀을 읽을 수 있는 장치. 헤드가 좌우로 움직이면서 셀의 기호를 읽는다.
- 상태 기록기(state register): 튜링 기계의 상태를 기록하는 장치.
- 행동표(Action table): 특정한 상태에서 특정한 기호를 읽었을

때 해야 할 행동을 지시하는 장치. (예) 기호를 지우거나 고치기, 셀을 이동시키기, 상태를 변경하기 등.

튜링기계의 작동 원리를 알아보자. 사용되는 기호는 0과 1의 두 가지로 해보자. 그러므로 셀에는 0 또는 1만 적혀 있다. 튜링 기계의 상태가 A, B, C 세 종류이고 다음과 같은 행동표를 가진다고 해보자.

상태	셀 기호 변환	헤드 이동	상태 변화
A	0 → 0	오른쪽으로 한 칸 이동	A 유지
A	1 → 0	오른쪽으로 한 칸 이동	B로 바뀜.
B	0 → 1	왼쪽으로 한 칸 이동	C로 바뀜.
B	1 → 0	왼쪽으로 한 칸 이동	A로 바뀜.
C	0 → 1	오른쪽으로 한 칸 이동	B로 바뀜.
C	1 → 1	오른쪽으로 한 칸 이동	C 유지

다음 그림과 같이 헤드가 기호1이 적힌 셀을 읽는다고 해보자. 검은색 삼각형이 헤드의 위치이다. 상태 기록기에는 상태가 A라고 표시되어 있다.

 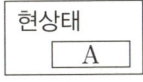

상태는 A이고 헤드가 1을 읽었으니까 1이 0으로 변한다. 그리고 헤드는 오른쪽으로 한 칸 이동하고 상태 기록기가 표시하는 상태는 B가 된다.

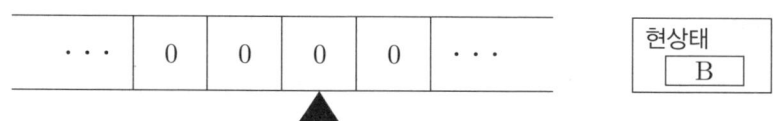

상태가 B이고 헤드가 0을 읽으니까 0을 1로 바꾼다. 헤드는 왼쪽으로 한 칸 이동하고 상태 기록기가 표시하는 상태는 C가 된다.

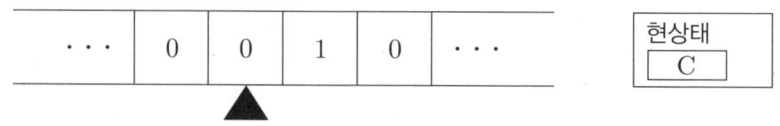

이제 상태는 C이고 헤드는 0을 읽어서 1로 바꾸고 헤드의 위치는 오른쪽으로 한 칸 이동한 곳이 되며, 상태 기록기가 표시하는 상태는 B가 된다.

이런 식으로 튜링기계는 행동표에 의해 테이프의 각 셀의 기호를 원하는 대로 바꿀 수가 있다. 현재의 컴퓨터와 비교하면 튜링기계의 테이프는 메모리 칩으로 바뀌었고, 테이프의 각 셀에 기호를 읽고 쓰는 장치는 입출력 장치로 바뀌었고, 행동표는 소프트웨어가 되었다.

컴퓨터는 어떻게 진화했는가 _ 전쟁, 과학, 그리고 인간의 상상력

물리군 컴퓨터가 어떻게 진화했는지 알려주세요.

정교수 1943년, 독일군은 '이니그마(Enigma)'라는 이름의 암호 기계를 사용해 작전 명령을 암호화했어. 그것은 매일 1조 가지 경우의 수로 바뀌었고, 연합군의 정보망은 마비될 위기에 처했지. 이때 블레츨리 파크(Bletchley Park)의 작은 오두막에서, 수학자와 공학자들이 머리를 맞댔어. 앨런 튜링, 토미 플라워스, 그리고 수많은 익명의 여성들이 세상의 첫 번째 디지털 전자식 컴퓨터 '콜로서스(Colossus)'를 만들었어. 이 거대한 기계는 2,500개의 진공관으로 구성되었고, 두루마리처럼 돌아가는 암호문을 빠르게 읽어 들이며, '비밀 코드'의 패턴을 찾아냈다. 콜로서스 덕분에 노르망디 상륙 작전은 독일의 허를 찔렀고 전쟁의 흐름은 바뀌었지.

ENIAC(에니악)

　1946년, 미국 펜실베이니아 대학에서는 ENIAC(에니악)이라는 컴퓨터가 등장했다. 이것은 'Electronic Numerical Integrator and Computer'의 이니셜로' 역사상 처음으로 범용 연산을 수행할 수 있는 컴퓨터였다. 이 컴퓨터는 18,000개의 진공관으로 이루어진 무게가 30톤인 거대한 컴퓨터였다.

에니악은 18,000개의 진공관으로 이루어진 무게가 30톤인 거대한 컴퓨터였다.

1945년, 천재 수학자 존 폰 노이만(John von Neumann)은 'EDVAC 보고서'에서 컴퓨터가 갖춰야 할 필수 요소를 제안한다. 이것은 연산장치(ALU), 기억장치(Memory), 제어장치(Control Unit), 입력/출력장치였다. 이 개념은 곧 '폰 노이만 구조'로 불리게 되었고, 현대 컴퓨터 설계의 표준이자 '프로그램 내장식 컴퓨터'의 출발점이 되었다.
　컴퓨터는 점점 작아지고, 빠르고, 똑똑해졌다. 1951년 세계 최초의 상업용 컴퓨터 UNIVAC I이 출현했고, 1954년 세계 최초의 고급 프로그래밍 언어 Fortran 개발되었으며, 1969년 벨 연구소에서 Unix 운영체제 개발되었다. 1971년에는 인텔 4004가 출시되었다.

UNIVAC I

두 번째 만남

디지털 혁명의 뿌리를 찾아서

0과 1의 문을 연 찰스 피어스 _ 디지털 시대를 연 기호 논리의 창시자

정교수 이제 논리회로를 최초로 연구한 피어스에 대한 이야기를 해 볼게.

찰스 샌더스 피어스
(Charles Sanders Peirce, 1839~1914, 미국)

찰스 샌더스 피어스는 미국 매사추세츠주 케임브리지에서 태어났다. 그의 아버지, 벤저민 피어스(Benjamin Peirce)는 하버드 대학의 수학 및 천문학 교수로, 미국 수학계를 대표하는 학자 중 한 사람이었다. 당시 하버드 캠퍼스는 가족들의 일상이었다. 천체망원경 너머의 별들과 미적분 수식들, 도서관 서가의 낡은 고전들이 피어스에게는 놀이터이자 유년기의 숨결이었다.

피어스의 출생지. 현재 레슬리 대학(Lesley University) 예술 및 사회과학 대학원의 일부

    그리고 운명의 날. 피어스가 열두 살이 되던 해, 한 권의 책이 그의 손에 들어왔다. 리처드 와틀리(Richard Whately)의 『논리의 요소(Elements of Logic)』였다. 보통 열두 살이라면 모험소설이나 동화에 빠질 나이다. 하지만 피어스는 달랐다. 그는 책을 읽는 순간, 논리학의 매듭과 연쇄, 부정의 아름다움, 그리고 어떤 명제가 어떻게 다른 명제를 이끌어내는지를 언어 너머의 수학적 구조로 파악하기 시작했다. 그의 말에 따르면, 그 책이 그의 일생을 바꿨다. 논리는 단순한 철학적 훈련이 아니었다. 그에게 논리는 마치 수학과 우주의 구조를 연결하는 열쇠와 같았다.

10대 후반부터, 피어스는 신체적으로 설명하기 어려운 고통에 시달리기 시작했다. 당시 '안면 신경통'이라 불렸던, 지금으로 치면 만성적인 신경계 통증 장애였다. 피어스는 머리 전체에 번개처럼 찾아오는 통증의 습격 속에서도, 끈질기게 논리와 철학, 수학을 탐독했다. 그의 고통은 종종 친구들과 가족들조차 이해하지 못했고, 그는 일기와 편지 속에 "설명할 수 없는 혼란과 불쾌감의 파도"를 기록하곤 했다.

피어스는 하버드 대학에 입학해 문학사 학위와 이어서 석사학위(1862)를 취득했다. 공식 전공은 문학이었지만, 그의 독서 범위는 물리학, 형이상학, 기호학, 통계학에까지 걸쳐 있었다. 수업이 끝나도 피어스는 종종 캠퍼스 옆의 천문대, 도서관, 철학 세미나실을 기웃거리며 지적인 대화와 고독한 사색을 반복했다.

1859년부터 1891년까지, 피어스는 미국 해안 조사국(United States Coast Survey)에서 활동하며 측지학, 중력 측정, 천문 관측 등에서 굵직한 업적을 남겼다. 그가 몸담았던 이 기관은 훗날 미국 해양대기청(NOAA)으로 이어지는 당시 최고의 과학 조사기관이었으며, 측량, 지도 작성, 천문 정밀 계산을 담당하는 미국의 브레인센터였다. 피어스는 이곳에서 지구의 중력 측정에 몰두했다. 특히 그는 진자(pendulum)를 이용해 지역에 따라 달라지는 중력 가속도의 미세한 변화를 측정하는 기술을 개선했다. 지구는 완벽한 구가 아니기 때문에, 지역마다 중력이 조금씩 다르다. 그 작은 차이를 감지하는 일은 곧 지도 정확도와 해양 항로 설정, 나아가 지구의 물리적 모델 정교화로 이어졌다.

1869년부터 1872년까지 피어스는 하버드 천문대에서 조수로 근무했다. 그는 이곳에서 별의 밝기 측정, 은하수의 구조 분석에 참여했다. 당시에는 망원경을 통한 시각 관측이 주였고, 측광(광도의 정량 측정)은 막 도입되던 시기였다. 피어스는 관측 기록을 단순히 수치로 남기는 데 그치지 않고, 측정값에 대한 불확실성과 신뢰도를 논리적으로 평가하는 방법까지 고민했다.

하버드 천문대

1879년, 피어스는 세계지도를 그리는 새로운 방법을 고안한다. 지리학과 수학의 교차점에 서서, 그는 기존의 원뿔투영법이나 평면투영법에서 발생하는 왜곡을 줄이기 위해 '평균 변형 최소 지도'라는 원리를 제안했다.

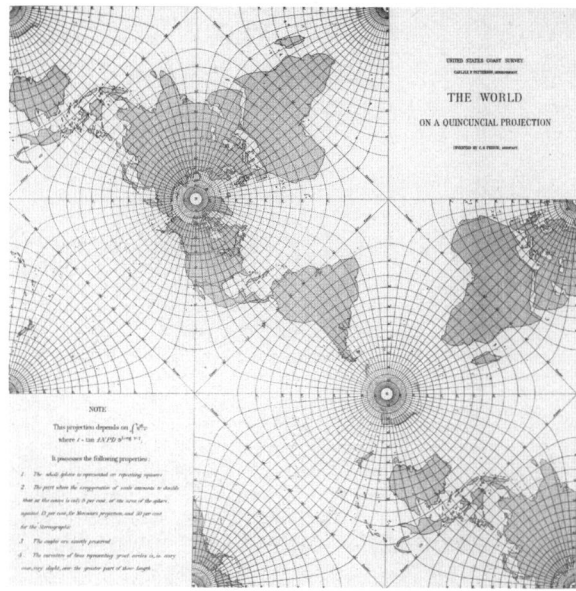

피어스의 세계지도(1879)

    1871년, 피어스는 미국 정부가 파견한 일식 관측대의 일원으로 유럽을 방문한다. 이 여행은 단지 천문학적 목적뿐만 아니라, 그가 존경하던 유럽의 논리학자들을 직접 만나기 위한 여정이기도 했다. 그는 드모르간(Augustus De Morgan)을 찾아갔고, 제본스(William Stanley Jevons), 클리포드(William Kingdon Clifford) 같은 논리학자들과 깊은 교류를 나누었다. 이 만남들은 피어스의 논리회로 연구에 큰 영향을 주었다.

    찰스 샌더스 피어스는 1879년, 존스 홉킨스 대학(Johns Hopkins University) 논리학 강사로 임명되었다. 당시 존스 홉킨스는 미국 내에서 수학과 철학, 물리학을 통합적으로 연구하던 최고의 학문 연구

기관 중 하나였다.

피어스는 이곳에서 단순한 삼단논법이나 형식논리를 가르치는 것을 넘어, 논리연산의 수학적 구조화, 기호의 조작 가능성, 그리고 나아가 물리 시스템을 통한 논리 구현 가능성까지 탐구하기 시작했다. 이 시기, 피어스는 하나의 혁명적 아이디어에 도달한다.

"논리연산은 뇌의 사유가 아니라 기계로도 구현될 수 있다."

1886년, 피어스는 사적으로 작성한 논문과 강의에서 논리연산을 물리적 장치로 구현할 수 있는 가능성을 수식과 도식으로 정리했다.

0과 1은 비트(bit)라고 불리는 정보의 최소 단위이다. 비트(bit)는 binary digit의 줄임말로, "0 또는 1" 두 가지 값 중 하나를 갖는 수다. 수학적으로 보면, 비트는 두 가지 상태 중 하나를 표현하는 이진 변수다.

피어스는 논리게이트의 개념을 도입했다. 게이트(Gate)는 디지털 회로에서 입력 신호(0 또는 1)를 받아, 특정한 규칙에 따라 출력 신호를 만드는 논리적 장치다. 0과 1의 조합만으로 이루어진 이 작은 회로는 오늘날 우리가 사용하는 스마트폰, 컴퓨터, 계산기, 심지어 냉장고까지 거의 모든 전자기기의 '생각'을 대신해준다. 말 그대로 게이트는 '문'이다. 어떤 신호가 들어왔을 때, 그 문이 어떤 값을 통과시키거나 차단하거나 변형시키는가에 따라 결과가 달라진다.

항등게이트는 0을 0으로 1을 1로 보내는 게이트를 말하는데, Id 게이트라고도 말한다. 항등게이트는 다음과 같이 표시한다.

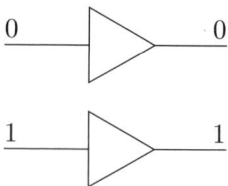

부정을 만드는 게이트를 'NOT게이트'라고 하고 다음과 같이 나타 낸다.

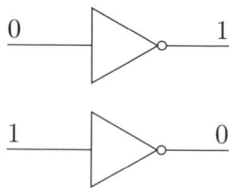

한편 부정의 부정은 긍정이므로

NOT ∘ NOT = Id

이다.

논리곱을 나타내는 게이트를 'AND게이트'라고 하는데, 다음 그림 으로 나타낸다.

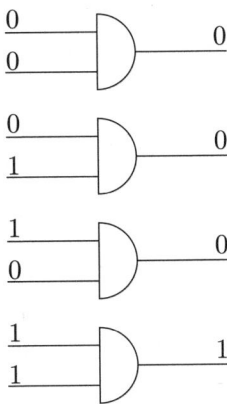

논리합을 나타내는 게이트를 'OR게이트'라고 부르며 다음 그림으로 나타낸다.

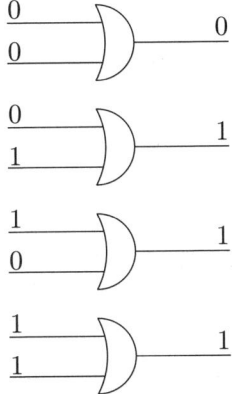

피어스는 또한 배타적 논리합(Exclusive OR)을 나타내는 XOR 게

이트를 만들었다. 이것은 두 입력값이 서로 다를 때만 1을 출력하고 두 입력값이 같으면 0을 출력한다.

이제 다음과 같은 이진법 덧셈을 생각하자.

$0 \oplus 0 = 0$

$0 \oplus 1 = 1 \oplus 0 = 1$

$1 \oplus 1 = 0$

이 덧셈은 두 수를 더한 후 결과를 2로 나눈 나머지 값을 나타내는 덧셈이다. 즉 $1 + 1 = 2$이고 2를 2로 나눈 나머지는 0이므로 $1 \oplus 1 = 0$이 된다. 그러므로 XOR 게이트는 다음 그림과 같이 나타낸다.

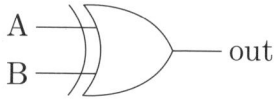

이때 출력값은 $A \oplus B$가 된다.

피어스는 또한 NAND게이트를 다음과 같이 도입했다.

NAND	A	B	Output
	0	0	1
	1	0	1
	0	1	1
	1	1	0

NAND게이트의 출력값을 $A \uparrow B$라고 쓰면, 이 값은 논리곱의 출력값과 반대이므로

$$A \uparrow B = \overline{A \wedge B}$$

이다.

피어스는 또한 NOR게이트도 제시했다.

NOR	A	B	Output
	0	0	1
	1	0	0
	0	1	0
	1	1	0

NOR게이트의 출력값을 $A \downarrow B$라고 쓰면, 이 값은 논리합의 출력값과 반대이므로

$$A \downarrow B = \overline{A \vee B}$$

이 된다.

찰스 피어스가 물리 장치 없이 설계한 논리회로는 20여 년 후 진공관 기술의 발전과 함께 전기적 현실이 된다. 1907년, 미국의 전기공학자 리 드 포리스트(Lee De Forest)는 플레밍 밸브(Fleming Valve)를 개선하여 삼극관(triode)을 만들고, 이를 통해 전류의 흐름을 제어하는 스위치 기능, 즉 논리게이트 회로의 전자적 구현에 성공한다. 이때부터 논리연산은 수학적 사고를 넘어서 전자의 흐름과 전압의 조절로 구체화하기 시작한다.

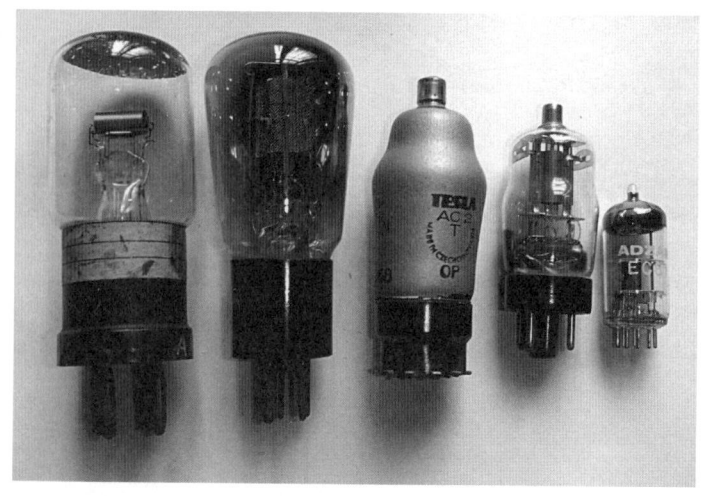

3극관

같은 시대, 오스트리아 철학자 루트비히 비트겐슈타인(Ludwig Wittgenstein)은 그의 저서 『논리-철학 논고(Tractatus Logico-Philosophicus)』에서 세계는 사실의 총체이며, 사실은 논리적으로 조합된 명제들의 구조로 이루어진다고 주장한다. 그는 이진 논리(0

또는 1, 참 또는 거짓)를 언어와 세계의 구조를 연결하는 기본 체계로 간주했다.

"모든 명제는 참/거짓의 값으로 나뉘며, 그 조합으로 복잡한 세계를 기술할 수 있다."

이는 철학적 차원에서 논리게이트의 수학적 정당성을 뒷받침해주는 이론이 되었고, 이후 논리학, 컴퓨터 과학, 언어학에 커다란 영향을 끼친다.

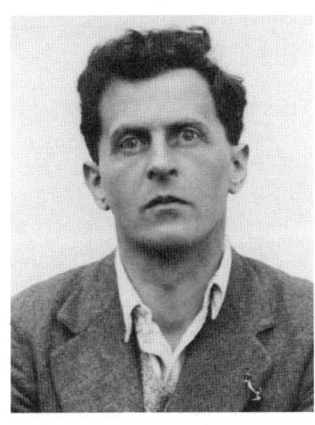

루트비히 비트겐슈타인

기계로 생각하고, 놀이로 미래를 설계하다 _섀넌이 만든 디지털 우주

정교수   이제 고전 정보과학의 아버지 클로드 섀넌에 관해 이야기할게.

클로드 섀넌(Claude Elwood Shannon, 1916~2001, 미국)

20세기 초, 미국 미시간주 북부의 작은 도시 게일로드. 여기서 한 소년이 철사와 배터리로 친구 집과 자신의 집을 연결해 전신 장치를 만들었다. 그 소년의 이름은 클로드 섀넌이다. 훗날 디지털 혁명의 아버지로 불리게 될 그는, 평범한 시골 마을에서 과학과 발명에 대한 감각을 타고났다. 그가 태어난 곳은 페토스키라는 소도시의 병원이다. 그의 아버지 클로드 시니어는 지역 사업가이자 유언 검인 판사였고, 어머니 메이블은 고등학교 교장이자 언어 교사였다. 아버지는 뉴저지 식민지 개척자의 후손이었고, 어머니는 독일계 이민자의 딸이었다. 이처럼 섀넌은 개척 정신과 유럽 이민자의 근면함이 섞인 혈통에서 태어났다.

그가 어린 시절을 보낸 시기는 대공황이 막 시작되기 직전이었다. 세계는 제1차 세계대전의 상처를 간신히 추스르고 있었고, 미국은 산업화의 가속화로 기술과 과학이 점점 대중의 관심을 끌던 시기였다. 라디오, 전화, 타자기 같은 신문물이 대중에게 보급되면서, '정보의 전달' 자체가 새로운 문명적 관심사가 되었다.

이 시기에 섀넌은 놀라울 만큼 기계적인 감각을 드러낸다. 자전거 체인을 이용해 만든 기어 장치, 라디오 회로, 조종 가능한 모형 보트, 철사로 만든 전신 시스템 등 그의 실험들은 단순한 장난이 아니었다. 그는 이미 아날로그 세계를 디지털화하려는 시도를 무의식적으로 시작한 셈이었다.

고등학교 시절, 그는 전기 신호의 제어를 흥미롭게 여기며, 그 시대에는 드문 수학적 사고를 발휘했다. 그는 전보를 배달하는 아르바이트를 하며, 실제로 정보가 전달되는 방식을 직접 체험했다. 그 경험은 훗날 그가 '정보'라는 개념 자체를 수학적으로 정의하게 되는 씨앗이 되었다.

섀넌이 어린 시절 가장 존경하던 인물은 토머스 에디슨이었다. 놀랍게도 나중에 그는 에디슨과 자신이 같은 조상, 즉 17세기 뉴저지 식민지 지도자 존 오그든의 후손임을 알게 된다. 어쩌면 유전자 어딘가에 깃든 발명의 불꽃이 두 사람을 연결했는지도 모른다. 이렇게 섀넌의 유년기는 전신과 무선, 발명과 실험이 뒤섞인 시간이었다. 이 소년은 훗날 MIT에서 벨 연구소로, 다시 '정보이론'이라는 신세계를 열어젖힌다. 하지만 모든 시작은 그가 어린 시절 철사를 꼬아 만든 장난 같은 전신 장치였다. 정보혁명은 맨해튼의 고층빌딩에서가 아니라, 미시간의 작은 마을 마당에서 조용히 싹텄다. 과학은 언제나 그렇게, 조용한 호기심에서 출발한다.

  1932년, 열여섯의 나이에 클로드 섀넌은 미시간 대학에 입학한다. 그의 전공은 전기공학이었지만, 그는 수학에도 남다른 애정을 보였다. 그가 대학에서 처음 만난 수학자 중 하나는 조지 불(George Boole)이었다. 불은 19세기 영국의 철학자이자 수학자로, 참과 거짓을 숫자처럼 다루는 논리대수, 즉 불대수를 창안한 인물이다. 그 당시만 해도 불대수는 철학이나 수학의 변두리에 가까운 분야로 여겨졌다. 그러나 섀넌은 이 '0과 1의 논리'가 실제 기계와 맞닿을 수 있다는 가능성을 직감한다. 그는 1936년, 전기공학과 수학 두 분야 모두에서 학사 학위를 받고 졸업한다.

미시간 대학

동시대 세계는 대공황의 후유증에서 벗어나고 있었고, 유럽은 또 다른 전쟁의 그림자 속으로 서서히 빨려들고 있었다. 하지만 미국 MIT에서는 과학의 새로운 혁명이 잉태되고 있었다. 섀넌은 MIT 대학원에 입학하며 바네바 부시(Vannevar Bush)의 연구실에 들어가게 된다. 부시는 당시 세계 최초의 아날로그 컴퓨터 중 하나인 차동 분석기(differential analyzer)를 개발 중이었다. 이 기계는 기어와 바퀴, 회전축으로 미분방정식을 풀 수 있는 거대한 계산 장치였다.

최초의 아날로그 컴퓨터 중 하나인 차동 분석기

섀넌은 이 복잡한 기계의 내부 회로를 분석하는 임무를 맡게 된다. 바로 이때, 섀넌은 전기 릴레이 스위치의 동작을 부울 대수의 연산자로 해석할 수 있음을 발견한다.

'스위치가 켜지면 참, 꺼지면 거짓.'

그 단순한 대응은 곧 거대한 수학적 논리 체계를 물리 회로의 설계 언어로 바꿔놓는 발상이었다. 그는 이를 1937년 석사 논문 「릴레이 및 스위칭 회로의 기호적 해석(A Symbolic Analysis of Relay and Switching Circuits)」에 정리했다. 이 논문에서 섀넌은 전기 스위치 회로로 AND, OR, NOT과 같은 불 연산자를 구현할 수 있음을 보였고, 나아가 이 회로들이 어떤 수학적 논리 문제든 해결할 수 있는 논리 기계가 될 수 있음을 증명한다. 그는 마지막 장에서 심지어 4비트 가산기까지 회로로 설계해 보인다. 그의 논문은 전기공학 역사상 단 한 편의 석사 논문이 가져온 가장 혁신적인 전환 중 하나로 평가받는다.

이전에도 일본의 엔지니어 나카시마 아키라와 같은 이들이 릴레이 회로 이론을 다뤘지만, 그들은 주로 실용적 설계와 경험적 모델에 기반했다. 그러나 섀넌은 완전히 달랐다. 그는 수학적으로 회로를 정의하고, 기호적 언어로 회로를 증명했다. 그의 접근은 전자공학을 추상적 수학 체계로 끌어올렸고, 현대 디지털 회로 설계의 토대가 되었다. 그가 발표한 1938년은, 히틀러가 오스트리아를 병합하고, 유럽이 제2차 세계대전의 문턱에 선 해이기도 했다. 전쟁이 몰려오는 혼돈 속에서, MIT의 한 대학원생은 조용히 디지털 논리의 불을 밝혔다. 그리고 인류는 그로부터 단 10년 만에 컴퓨터라는 신세계를 맞이하게 된다.

클로드 섀넌은 1940년, MIT에서 수학 박사학위를 받는다. 그의 박사 논문은 일반적인 수학자가 아니라 전기공학자로서의 출발과는 전혀 다른 주제를 다루었다. 논문의 제목은 「이론 유전학을 위한 대수학(An Algebra for Theoretical Genetics)」이었다. 이 주제는 섀넌의 지도교수이자 초기 컴퓨터 개발자인 바네바 부시의 제안에서 비롯되었다. 부시는 섀넌에게 콜드 스프링 하버 연구소(Cold Spring Harbor Laboratory)에서 멘델 유전학에 대한 수학적 모델을 연구해 보라고 권유했다. 이 논문은 결국 유전 형질이 세대를 거치며 어떻게 전달되는지를 대수적 체계로 해석한 첫 시도 중 하나로 남았다. 특히 그는 무작위 짝짓기(random mating) 조건에서 다수의 유전자 형질이 세대를 지나며 어떻게 분포하는지를 일반화된 수식으로 표현해 냈다.

당시의 인구유전학은 통계와 실험에 의존하는 분야였지만, 섀넌은 기호 대수(symbolic algebra)로 이 문제를 풀었다. 그는 여러 유전자 간의 링크(linkage)와 조합 가능성을 수학적으로 예측하려 했고, 이는 현대의 유전체학에서 사용하는 수리 모델의 선구적 작업으로 평가받는다.

하지만 섀넌은 곧 이 주제에 흥미를 잃는다. 그의 박사 논문은 결국 발표되지 않았지만, 그 안에 담긴 대수학적 접근은 오늘날까지도 의미 있는 발상으로 남아 있다. 그가 이룬 가장 큰 업적은 생물학이라는 '복잡하고 모호한 영역'에 수학이라는 정합적 사고 체계를 적용했다는 점이다.

1940년, 박사학위를 막 마친 스물네 살의 섀넌은 프린스턴 고등연구소(Institute for Advanced Study)로 자리를 옮긴다. 이곳은 아인슈타인, 괴델, 폰 노이만, 바일, 외일 등 당대 최고의 수학자와 물리학자들이 모인 지성의 성지였다. 섀넌은 이곳에서 자유롭게 연구하며,

분야의 경계를 넘나들었다. 정수론을 공부하다가 통계역학으로 옮겨 가고, 통신 기술을 고민하다가 유전학 모델을 다시 꺼내 보는 식이었다. 그의 가장 큰 장점은 아이디어 간의 연결 능력이었다. 그는 헤르만 바일(Hermann Weyl)과 존 폰 노이만(John von Neumann)과 활발히 교류했고, 알베르트 아인슈타인이나 쿠르트 괴델과도 종종 인사를 나누었다.

괴델은 침묵의 천재였고, 섀넌은 조용한 실험가였다. 이 둘은 길게 말하지 않고도 서로의 깊이를 느낄 수 있었다. 프린스턴은 섀넌에게 수학과 물리, 생물, 통신이라는 서로 다른 지식의 숲을 자유롭게 넘나들 수 있는 지적 운동장이었다. 그리고 이 경험은 훗날, 그가 정보이론이라는 새로운 과학의 틀을 만들게 되는 결정적인 토양이 되었다.

괴델

섀넌은 숫자와 기호, 구조를 통해 유전학을, 회로를, 우연성을, 그리고 결국은 '정보' 그 자체를 해석하게 되었다. 그는 한 분야의 전문가가 아니었다. 대신 모든 분야의 '문제'를 수학의 언어로 새롭게 정의해내는 과학자였다.

1937년 여름, 클로드 섀넌은 뉴저지의 벨 전화 연구소(Bell Labs)에서 짧은 인턴 생활을 한다. 그는 이후 전쟁이 발발하자, 국방연구위원회(NDRC) 산하 D-2 부서(제어 시스템)와 계약하여 사격 통제 시스템과 암호 분석 업무를 위해 다시 벨 연구소로 돌아오게 된다. 전기공학자였던 그가, 전쟁이라는 실전의 한가운데에서 정보, 예측, 통신의 문제를 수학으로 해석해가기 시작한 시기였다.

1942년, 섀넌은 전기·기계 시스템의 복잡한 흐름을 다이어그램으로 표현하는 신호 흐름 그래프(signal flow graph)를 제안한다. 이는 아날로그 컴퓨터의 작동을 수학적으로 분석하는 도중 발견한 구조로, 후에 토폴로지 이득(topological gain) 공식이라는 형태로 정리된다. 이 이론은 적 비행체의 궤적을 예측하고, 그에 맞춰 요격 미사일의 이동 경로를 계산하는 대공 방어 시스템 개발에 적용되었다. 단순한 추적이 아니라, 움직이는 목표를 정확히 예측하고, 시간 지연을 보정하는 기술이 핵심이었다.

1943년 초, 섀넌은 미국에 파견된 앨런 튜링(Alan Turing)과 접촉한다. 튜링은 북대서양 U-보트의 암호체계를 해독하기 위해 블레츨리 파크에서 개발한 방법론을 미국 해군 정보국과 공유하러 온 참이었다. 두 사람은 벨 연구소의 카페테리아에서 종종 함께 차를 마시며 대화를 나눴다. 튜링은 섀넌에게 자신의 1936년 논문을 보여주었고, 그 속에는 오늘날 '만능 튜링 기계(Universal Turing Machine)'로 불리는 아이디어가 담겨 있었다. 섀넌은 깊은 인상을 받는다. 튜링의 개념은 섀넌이 회로 이론에서 구축하던 논리와 완벽하게 보완되는 구조였기 때문이다.

섀넌은 전쟁 중 암호 해독과 통신 잡음, 요격 시스템을 수학적으로 분석했다.

1945년, 전쟁이 끝나갈 무렵, NDRC는 기술 보고서들을 정리하고 있었다. 섀넌은 R.B. 블랙먼, H.W. 보드와 함께 공동으로 「사격 통제 시스템에서의 데이터 평활화 및 예측」이라는 논문을 발표한다. 이 논문은 흥미로운 발상을 제시한다. 포탄 발사에 필요한 데이터를 예측하는 문제를, 통신 이론의 신호 대 잡음(Signal vs. Noise) 문제에 비유한 것이다. 즉, 섀넌은 이미 이 시점에서 통신·제어·암호·예측이라는 영역들을 정보라는 하나의 프레임으로 통합하고 있었다.

전쟁 말기, 섀넌은 기밀문서로 「암호학의 수학적 이론(The Mathematical Theory of Cryptography)」을 작성한다. 이 논문은 나중에 공개되어 1949년, 「Communication Theory of Secrecy Systems」

라는 제목으로 발표된다. 그는 이 논문에서 통신 이론과 암호 이론을 분리 불가능한 한 몸으로 인식했다. "두 분야는 너무 가까워서 나눌 수 없다"는 말은, 곧 이어질 정보이론(information theory)의 철학적 기초가 되었다. 섀넌은 여기서 다음과 같은 완전한 보안 시스템의 조건, 즉 One-time Pad(일회용 암호패드)의 안전성을 수학적으로 증명한다.

암호 키는 완전히 무작위(random)여야 한다. 키는 원문보다 길거나 같아야 한다. 절대 재사용되지 않아야 하며, 완전한 비밀로 유지되어야 한다. 이 네 가지 조건을 만족할 때, 암호는 이론적으로 절대 해독이 불가능하다는 것이다. 섀넌은 그 이후 모든 암호시스템이 본질적으로 이 구조를 모방할 수밖에 없음을 증명했다.

이렇듯 섀넌은 전쟁 중 암호 해독과 통신 잡음, 요격 시스템을 수학적으로 분석하면서 곧 발표될 「정보이론의 수학적 이론(A Mathematical Theory of Communication)」의 핵심 개념들을 다듬고 있었다. 암호학, 통신, 제어, 예측, 회로. 모든 길은 하나로 향했다. '정보'라는 본질을 정의하려는 시도. 그리고 그 시도는 전쟁의 소음 속에서 탄생했다.

1948년, 전후의 과학계는 새로운 계산 방식과 통신의 언어를 찾고 있었다. 바로 그때, 미국 벨 연구소의 수학자 클로드 섀넌이 전설적인 논문을 발표한다. 논문의 제목은 「A Mathematical Theory of Communication」.[5] 7월과 10월, 두 차례에 걸쳐 Bell System Technical

---

5] C. Shannon, A Theory of Communication, The Bell System Technical Journal Volume 27, pp. 379-423 (1948).

Journal에 게재된 이 논문은 통신, 암호, 언어, 심지어 인간의 사고와도 연결되는 정보의 수학적 원리를 제안했다.

섀넌이 이 논문에서 가장 먼저 제시한 개념은 바로 정보 엔트로피(information entropy)였다. 이 엔트로피는 물리학의 열역학 개념에서 차용된 용어로, 여기서는 '메시지를 통해 감소되는 불확실성'을 수량화한 것이다. 예를 들어, 동전 던지기 결과를 듣는 것과 100가지 중 하나를 맞혀야 하는 암호를 푸는 것은 받는 정보량이 다르다. 섀넌은 이 '선택의 자유도'를 로그 함수를 사용해 정량화했다.

섀넌은 '정보란 무엇인가'라는 고대부터 이어져온 추상적 질문을 수학적으로 정의할 수 있는 개념으로 변환했다. 그리고 그는 곧 이 논리를 바탕으로, 어떤 메시지도 가능한 가장 경제적인 방식으로 인코딩할 방법을 제안한다.

섀넌의 논문은 초기에는 전문가 중심으로 논의되었지만, 1949년, 워런 위버(Warren Weaver)의 해설과 함께 일반 독자도 접근 가능한 단행본 『The Mathematical Theory of Communication』으로 재출간된다. 위버는 서문에서 다음과 같은 해석을 덧붙였다.

"정보란 당신이 말한 것이 아니라, 말할 수 있었던 것 중 무엇을 선택했느냐와 관련된 개념이다."

즉, 정보란 선택의 자유를 수량화한 개념이라는 설명이었다. 이 정의는 이후 철학, 언어학, 기호학, 인공지능 분야로 확장되며 '의미 이전의 정보'라는 중립적 정보 개념을 형성하게 된다.

1951년, 섀넌은 「Prediction and Entropy of Printed English」라는

논문을 발표한다.[6] 이 논문에서 그는 영어 문장의 엔트로피 상한과 하한을 측정하여 언어는 예측 가능한 패턴을 가진다는 사실을 통계적으로 증명했다. 그는 실험적으로 사람들이 다음 글자를 예측하는 게임을 통해 영어의 정보량이 단순히 알파벳 26개의 무작위 조합보다 훨씬 적음을 보여주었다. 또한 공백(space)이라는 문자를 27번째 문자로 간주하여 자연언어 속 구조적 예측 가능성을 더욱 정밀하게 모델링했다. 이러한 통계적 언어 모델은 훗날 자연어 처리(NLP), 기계 번역, AI 언어 모델의 기초적인 기반으로 이어진다.

이후 섀넌의 이론은 존 로빈슨 피어스(John R. Pierce)에 의해 『Symbols, Signals, and Noise』라는 책에서 대중화된다. 피어스는 섀넌의 제자이자 동료로, 정보를 상징과 신호, 그리고 잡음으로 분해해 설명했고, 이를 통해 정보이론이 단순한 기술을 넘어 문화와 인간 소통의 틀로 확장될 수 있음을 시사했다.

이처럼 섀넌의 1948년 논문은 단지 통신 기술의 발명이 아니었다. 그것은 '정보'라는 개념을 수학적으로 정의한 최초의 사건이자, 불확실성, 선택, 예측 가능성이라는 문제들을 하나로 묶은 혁명이었다. 그의 이론은 현대 디지털 시대의 기반이 되었다. 우리는 지금도 그의 공식 위에서 문자를 보내고, 파일을 압축하며, 데이터를 분석한다. 클로드 섀넌은 정보 시대의 뉴턴이었다. 그가 만든 이론은 보이지 않는 질서의 세계, '확률의 우주' 속에서 확실성을 찾으려는 인간의 여정이었다.

6] C. Shannon, Prediction and entropy of printed English, The Bell System Technical Journal Volume 30, pp. 50-64 (1951).

1949년, 클로드 섀넌은 또 하나의 중대한 논문을 발표한다. 제목은 「Communication Theory of Secrecy Systems」. 이는 제2차 세계대전 당시 그가 벨 연구소에서 작성했던 기밀 암호 이론 보고서를 기초로 한 해제된 논문으로, 암호학과 정보이론을 수학적으로 결합한 첫 문서였다.

이 논문에서 섀넌은 '이론적으로 절대 안전한 암호체계'란 무엇인지 정의하고, 모든 깨지지 않는 사이퍼(cipher)는 결국 One-time Pad(일회성 패드)와 동일한 조건을 충족해야만 한다는 것을 증명한다. 그 조건은 다음과 같다.

'키는 진정으로 무작위이어야 하며, 메시지 길이보다 같거나 더 길어야 하고, 절대 재사용되어선 안 되며, 비밀로 유지되어야 한다.'

이 정리는 이후 암호학의 '신성한 법칙'처럼 받아들여졌고, 냉전 시기의 군사 암호시스템 설계 원칙으로도 채택된다.

섀넌은 또한 1940년대 초, 샘플링 정리(Sampling Theorem)를 도출한 것으로도 유명하다. 이는 연속적인 아날로그 신호를, 일정한 간격으로 샘플링한 이산값으로 완전히 표현할 수 있다는 내용이다. 즉, 아날로그 신호도 충분히 자주 측정하면 디지털로 복원이 가능하다는 뜻이다. 이 정리는 디지털 오디오, 이미지 압축, 무손실 데이터 전송 등 현대 디지털 통신의 기반이 되었고, 1960년대 이후 아날로그에서 디지털로 전환할 수 있게 한 결정적 도약점이 되었다.

1956년, 섀넌은 「Noisy Channel Coding Theorem」을 다룬 논문을 발표한다. 그는 잡음이 있는 채널에서도 신호를 오류 없이 전송할 수 있는 최대 전송률이 존재함을 증명한다. 이 이론은 오늘날의 에러 정정 코드, 5G 통신, 인공위성 송수신 등에서 기본 원리로 작용하고 있다. 그는 전송 중 발생할 수 있는 모든 왜곡과 손실조차 수학적으로 예측하고 보정하는 방법을 제공했다.

하지만 같은 해, 그는 「The Bandwagon」이라는 제목의 짧은 사설을 통해 정보이론이 지나치게 유행처럼 번지고 있다는 사실을 경고한다. 그는 다음과 같이 썼다.

"정보이론은 지난 몇 년 동안 일종의 과학적 시류가 되었다. 진정한 진전은 철저한 과학적 태도 속에서만 이루어질 수 있다."

이는 섀넌이 단순한 수학자나 공학자가 아니라, 과학적 사고의 윤리를 중시하는 철학자적 과학자였음을 보여주는 대목이다.

1951년 5월, 미국 중앙정보국(CIA)의 국장 월터 버델 스미스 장군은 정보 암호 분야에서 자문할 최고의 과학자를 찾고 있었다. 그때 벨 연구소의 머빈 켈리(Mervin Kelly)는 "클로드 섀넌이야말로 해당 분야에서 가장 탁월한 자격을 갖춘 과학자"라고 답했다.

이 요청에 따라 섀넌은 CIA의 특별 암호 자문 그룹(SCAG)에 참여하게 된다. 그는 냉전 초기, 암호전과 첩보전이 치열하던 시기에 정보전의 '뇌'로서 국가적 전략에 간접적으로 기여했다.

섀넌은 벨 연구소에서 버나드 올리버(Bernard M. Oliver), 존 R. 피어스(John R. Pierce)와 함께 PCM(Pulse Code Modulation)도 공동 개발한다. 이는 음성 신호를 디지털로 변환하여 전송하는 기술로, 오늘날의 디지털 전화, 인터넷 음성 통화(VoIP), 음악 스트리밍 기술의 기원이 되었다.

1950년, 제2차 세계대전이 끝나고 냉전이 시작되던 해, 클로드 섀넌은 조용히 한 가지 새로운 실험을 시작한다. 그는 아내 베티와 함께 쥐 한 마리의 행동을 흉내 내는 기계를 만들었다. 그 이름은 테세우스(Theseus)였다.

섀넌이 직접 만든 테세우스(Theseus)를 소개하고 있다.

　테세우스는 단순한 장난감이 아니었다. 이 장치는 평면 아래에 센서를 설치하고, 그 위에 미로 구조를 가진 금속판을 놓은 뒤 기계 쥐가 센서를 따라 이동하도록 설계되어 있었다. 처음엔 시행착오를 거듭하며 길을 헤맸지만, 몇 번의 시도 후, 이 기계 쥐는 미로의 최단 경로를 학습해냈다. 심지어 미로의 구조를 바꿔도 다시 학습할 수 있었고, 이러한 자기 교정적 적응 능력은 후에 인공지능의 핵심 개념으로 자리 잡는다. 마진 길버트(Mazin Gilbert)는 이 장치를 두고 말했다.
　"테세우스는 인공지능 전체에 영감을 주었다. 무작위 시행착오 학습은 인공지능의 근간이다."

섀넌이 아내와 함께 만든 '테세우스'

    같은 해, 섀넌은 논문 「Programming a Computer for Playing Chess」를 발표한다. 이 논문은 체스라는 복잡한 전략 게임을, 단순한 계산 기계가 논리적으로 분해하고 탐색할 수 있다는 가능성을 제시했다. 그는 '휴리스틱(heuristic)'이라는 개념을 사용하여 모든 가능한 수를 다 보지 않더라도, 현실적인 수를 우선 고려하는 방식의 프로그램 설계 원리를 설명했다. 이는 오늘날 AI가 사용하는 의사결정 트리, 깊이 제한 검색, 알파—베타 가지치기 같은 개념의 전신이 되었다.

    1953년, 섀넌은 「컴퓨터와 자동장치(Computers and Automata)」라는 논문을 발표하고, 1956년, 존 매카시(John McCarthy)와 함께 『자동장치 연구(Automata Studies)』를 공동 편집한다. 이 책은 초기 인공지능·기계 논리·신경망·튜링 기계에 대한 광범위한 연구를 포괄하며, 오토마타 이론의 정초 작업으로 평가된다. 섀넌은 특히 기계의 규칙성, 기호 처리, 적응적 행동 등 AI의 기반이 되는 주제들에 대한 수학적 모델링에 깊은 관심을 가졌다. 그는 매카시의 '지능형 기계의 과학'이라는 개념에 공감하면서도, 더 넓은 시야에서 사이버네틱스, 신경 회로망, 기호 처리 체계를 아우르는 관점을 제시했다.

1956년, 섀넌은 존 매카시, 마빈 민스키(Marvin Minsky), 네이선 로체스터(Nathaniel Rochester)와 함께 다트머스 여름 연구 프로젝트(Dartmouth Summer Research Project)를 공동 조직한다. 이 회의는 훗날 인공지능의 창립 사건으로 불린다. '기계가 언젠가 인간처럼 생각할 수 있다'는 발상이 공식적으로 학계에서 제안된 첫 순간이었다. 그 회의에서 섀넌은 언어, 논리, 기억, 학습, 오류 교정 등 지능의 다양한 기능을 기계적, 수학적으로 모델링하는 접근을 지지했다.

많은 사람이 인공지능의 시작을 매카시, 민스키와 같은 '기계 지능을 믿은 낙관주의자들'로 한정 짓지만, 섀넌은 그보다 더 기초적인 철학적 수준에서 질문을 던진 이였다. 기계가 '기억'을 가질 수 있는가? 시행착오는 학습으로 이어지는가? 논리회로는 감정을 가질 수 있을까? 정보와 의미는 어떤 관계에 있는가? 이런 물음들은 AI라는 분야가 단순한 기술 축적이 아닌, '생각하는 존재'란 무엇인가에 대한 과학적 탐구임을 보여준다.

클로드 섀넌은 정보이론의 창시자이자 디지털 세계의 설계자였다. 그러나 그의 삶의 다른 절반은 전혀 다른 방식으로 빛났다. 그는 계산과 회로만이 아니라, 저글링, 외발자전거, 체스, 루빅 큐브와 같은 놀이의 세계에서도 누구보다 창의적이고 실험적인 사람이었다.

섀넌은 세 개의 공으로 저글링을 즐겨 했고, 결국 저글링하는 로봇 기계까지 만들었다. 기계는 단순한 놀이 도구가 아니라, 물리 법칙과 제어 이론, 반복 학습의 원리를 시각적으로 보여주는 도구였다.

그는 또한 불꽃을 발사하는 트럼펫을 만들었다. 연주자와 관객 모두에게 충격과 환호를 안긴 이 장치는 장난 같지만, 실제로 가스압과 전기 점화 장치를 정밀하게 조절한 발명이었다.

루빅 큐브가 유행하던 시절, 섀넌은 큐브를 스스로 푸는 기계 장치를 만들었다. 단순한 알고리즘이 아니라, 기계적 기억과 순차 제어 회로를 이용한 문제 해결 방식이었다. 기계가 '고민'하는 듯한 움직임은, 인간의 두뇌를 디지털로 모사하려는 섀넌의 또 다른 실험이었다.

그는 플라스틱 발포 재질로 만든 신발을 신고, 호수 위를 걷는 장면을 연출하기도 했다. 그 발명은 가벼운 부력, 중심 이동, 물리 균형을 절묘하게 계산한 결과였으며, 이를 본 관찰자들은 섀넌이 물 위를 걷는 것처럼 보였다.

그는 로켓 추진 프리스비도 발명했다. 이 장치는 공기 역학과 추력 분산의 원리를 활용해 프리스비가 더 멀리, 더 빠르게 날아가도록 설계되었다. 과학을 장난처럼, 장난을 과학처럼 다룬 섀넌의 성격이 그대로 드러나는 발명이다.

1961년, 그는 'Minivac 601'이라는 작은 디지털 컴퓨터 트레이너를 설계한다. 이 장치는 일반인과 기업가, 관리자들이 디지털 회로와 컴퓨터 원리를 시각적으로 이해할 수 있도록 고안되었다. 벨 연구소와 함께 한 이 프로젝트는 오늘날의 아두이노 키트나 라즈베리 파이 실습 장비의 선구적 형태로 볼 수 있다.

섀넌이 만든 디지털 컴퓨터
트레이너 'Minivac 601'

그는 수학자 에드워드 소프(Edward O. Thorp)와 함께 세계 최초의 웨어러블 컴퓨터도 개발한다. 목적은 놀랍게도 룰렛 게임에서 확률을 높이는 것이었다. 이 장치는 신발에 숨겨졌고, 룰렛 바퀴의 속도를 계산하여 어디에 공이 멈출 가능성이 큰지를 진동으로 알려주었다. 이는 확률 모델링, 실시간 계산, 휴대 기기 설계라는 세 가지 개념이 현장에서 결합한 매우 앞선 개념의 컴퓨터였다. 그 자체로 현대 웨어러블 기술의 원형이라 할 수 있다.

섀넌의 취미는 결코 '소일거리'가 아니었다. 그의 장난감들은 미래 기술의 전초 기지였고, 그의 기계들은 디지털 시대가 가능하다는 것을 보여주는 시연이었다. 그는 언제나 말했다.

"중요한 발견은 언제나 진지하지 않은 호기심에서 시작된다."

이제 섀넌은 정보의 아버지, 인공지능의 선구자, 그리고 동시에 호기심 많은 발명가로 기억된다. 그는 수학으로 세계를 설명했고, 장난으로 미래를 예측했으며, 기계로 생각하는 법을 가르쳐주었다.

엔트로피, 정보의 얼굴을 바꾸다_섀넌이 밝혀낸 불확실성의 의미

정교수 섀넌이 정보과학에서 도입한 엔트로피 개념을 알아볼게.

물리군 엔트로피는 열물리에서 등장하는 개념이잖아요?

정교수 맞아. 하지만 섀넌은 그 개념을 '정보의 불확실성'이라는 맥락에서 새롭게 정의했지. 열역학에서의 엔트로피는 "얼마나 무질서한 상태인가"를 나타내는 척도잖아? 정보이론에서는 얼마나 예측 불가능한 메시지가 전달되는가를 나타내는 척도로 사용했어.

물리군 그럼 정보의 엔트로피가 높다는 건 무엇을 뜻하죠?

정교수 우리가 무엇이 나올지 거의 모른다는 뜻이야. 예를 들어볼게. 동전을 던질 때 앞면과 뒷면이 정확히 50% 확률이면, 결과를 전혀 예측할 수 없지?

물리군 네, 그건 완전 랜덤이죠.

정교수 바로 그게 정보 엔트로피가 최대인 상황이야. 섀넌이 정의한 엔트로피는 다음과 같아.

$$H = -\sum_{i=1}^{n} p_i \log_2 p_i$$

여기서 p_i는 메지시 i가 발생할 확률이야. 이 수식은 '예측하기 어려울수록, 정보량은 커진다'는 뜻을 담고 있어. 여기서 정보엔트로피 H는 전체 메시지의 평균 정보량을 뜻해.

물리군 아! 그럼 어떤 사건이 거의 확실하게 일어나면 정보량은 낮

아지겠네요?

정교수 정확히 맞췄어. 예를 들어 누군가가 매일 점심마다 김치찌개만 먹는다면, 그 사람이 오늘도 김치찌개를 먹었다는 건 별로 새로운 정보가 아니지. 즉, 정보량은 거의 0이야.

물리군 반대로 평소에 아무거나 막 먹는 사람이 갑자기 '오늘은 초콜릿 파스타 먹을 거야'라고 하면?

정교수 바로 엔트로피가 높은 메시지지. 듣는 사람에게 "뭐라고?" 하게 만드는 정보"가 엔트로피가 높은 정보야.

물리군 열역학에서는 엔트로피가 늘어나는 게 자연의 법칙이잖아요? 그럼 정보이론에서도 정보는 늘어날 수밖에 없는 건가요?

정교수 좋은 질문이야. 정보이론에서는 '정보량' 자체가 늘어난다기보다, 불확실성이 클수록 더 많은 정보를 담을 수 있다고 보는 거야. 즉, 엔트로피는 "어떤 메시지 집합이 얼마나 많은 선택지를 갖고 있느냐"의 문제지.

물리군 아, 그래서 "정보=선택의 자유"라고도 하죠?

정교수 맞아. 섀넌의 동료 워런 위버는 이렇게 말했지. "정보는 당신이 무엇을 말했느냐가 아니라, 무엇을 말할 수도 있었는데 그중 이것을 골랐느냐에 대한 측정이다."

물리군 너무 철학적인데요? 갑자기 자유의지랑 연결되는 느낌이에요.

정교수 정보과학은 사실 철학이야. 우리는 지금, '무엇이 의미 있는 선택인가'를 수학으로 측정하는 방법을 배우고 있는 거니까.

물리군 정보엔트로피를 구하는 예를 들어주세요.

정교수 동전던지기를 생각해봐. 누군가 당신에게 "앞면이 나올까, 뒷면이 나올까?" 하고 묻는다고 해봐.

동전은 손에 쥐어져 있고, 공중으로 던져져 돌아갈 준비를 한다. "하나, 둘, 셋!" 떨어지는 동전. 눈은 낙하 궤적을 좇고, 뇌는 순간의 결과를 기다린다. 그 짧은 시간 동안, 우리는 '두 가지 중 하나'라는 불확실성의 세계에 머문다. 그리고 결과가 정해지는 순간, 우리는 하나의 정보를 얻는다. 앞면이든, 뒷면이든. 각 경우의 확률은 정확히 $\frac{1}{2}$이다. 이때 정보엔트로피는

$$H = -[0.5\log_2 0.5 + 0.5\log_2 0.5] = 1 \text{ (비트)}$$

이다. 즉, 동전 한 번 던지는 행위는 1비트의 정보를 생산한다.

뉴스에서 "내일 비 올 확률 50%"라고 말할 때, 이건 '동전과 같은 불확실성'을 뜻한다. 하지만 실제로 기상 예측은 50%가 아니라, 많은 데이터를 바탕으로 나온 예측치다. 그럼에도 우리는 50%라는 수치를 보며 "결정할 수 없는 상태"라는 정보를 받아들이게 된다. 이때의 정보량은 정확히 1비트이다.

이번에는 주사위 던지기를 보자. 각 면이 나올 확률은 똑같이 $\frac{1}{6}$이다. 주사위 던지기를 통해 우리가 얻는 정보량은 얼마일까? 이때

$$H = -6\left(\frac{1}{6}\log_2 \frac{1}{6}\right) = \log_2 6 \approx 2.585 \text{ 비트}$$

이다. 즉, 주사위는 동전보다 약 2.585배 더 많은 정보를 준다.

물리군 '더 많은 정보를 준다'는 게 무슨 의미죠?

정교수 동전은 '앞 또는 뒤' 둘 중 하나이고 정보량은 1비트. 주사위는 '1, 2, 3, 4, 5, 6' 여섯 가지로 더 많은 선택지를 갖지. 그러니까 더 많은 불확실성을 갖게 돼. 더 많은 불확실성을 더 많은 정보를 가진다고 표현해.

예를 들어 2가지 선택지가 있을 때 정보 엔트로피는 1비트, 4가지 선택지가 있을 때 정보 엔트로피는 2비트, 8가지 선택지가 있을 때 정보 엔트로피는 3비트가 된다. 극단적으로, 1,024개의 선택지가 있을 때 정보 엔트로피는 10비트가 된다. 즉 선택지가 많을수록 정보 엔트로피의 값을 증가한다.

섀논은 1951년 논문 「인쇄된 영어의 예측과 엔트로피」라는 논문에서 각 알파벳의 정보엔트로피에 대해 연구했다. 영어 알파벳이 26자이므로 모든 알파벳이 동일한 확률(1/26)로 등장한다고 하면, 각 알파벳의 정보 엔트로피는

$$H = -26 \times \frac{1}{26} \log_2 \frac{1}{26} \approx 4.7 \quad (비트)$$

이다. 하지만 섀넌은 실험과 계산을 통해 현실의 영어 문장은 훨씬 더 예측 가능하다는 걸 밝혀냈다. 그는 사람들에게 영어 문장의 다음 글

자를 "추측해보라"고 했고, 그 확률을 통계적으로 분석했다. 그 결과, 실제 영어 알파벳의 엔트로피는

$$H \approx 1.3 \sim 1.5 \,(비트)$$

였다. 이 값은 4.7비트의 3분의 1 이하이다.

물리군 왜 엔트로피가 줄어든 거죠?

정교수 이유는 간단해. 영어 단어에는 수많은 패턴과 규칙이 숨어 있기 때문이야. 예를 들어 'Q' 다음에는 거의 항상 'U'가 오고, 'THE'는 영어에서 가장 흔한 단어이고, 'Z'로 시작하는 단어는 극히 드물고, 'TION'은 명사에서 자주 등장하는 어미야. 이런 규칙들 덕분에 다음 알파벳을 대략적으로 추측할 수 있게 돼.

　이렇게 정보량이 낮다는 것은, 불필요한 데이터가 많다는 뜻이기도 하다. 이때 예측 가능한 패턴은 생략하거나 요약할 수 있는데, 이게 바로 압축(compression)이다. 불필요한(예측 가능한) 소리 데이터를 압축 제거하는 MP3 파일, 색상 패턴과 반복을 찾아 불확실성이 적은 부분을 줄이는 JPEG 이미지, 이전 프레임을 바탕으로 예상 가능한 정보는 전송 생략하는 동영상 스트리밍 등과 같은 기술은 섀넌의 정보 엔트로피를 바탕으로 작동한다.

물리군 교수님, 음악 파일을 MP3로 압축해도 왜 그렇게 잘 들려요? 분명히 데이터를 막 날렸을 텐데, 멜로디나 리듬이 하나도 빠진 것 같

지 않던데요?

정교수 좋은 질문이야. 사실 우리가 듣는 MP3는 원래 음악의 축소판이야. 하지만 그냥 아무 데이터나 잘라낸 게 아니지. 우리가 '굳이 듣지 않아도 되는 소리'를 잘 골라서 제거한 거야.

물리군 듣지 않아도 되는 소리요? 그런 게 있어요?

정교수 물론이지. 우리 귀는 완벽하지 않아. 예를 들어, 아주 큰 소리가 나고 있을 때 그 옆에 작은 소리는 묻혀서 들리지 않아. 이걸 마스킹 효과라고 해.

물리군 아! 그러니까 큰 소리에 가려진 소리는 굳이 저장할 필요가 없다는 거군요?

정교수 정확해. 그리고 또 하나. 반복되는 배경음이나 비트는 어때?

물리군 들으면 다음 음이 뭔지 알 것 같아요. 리듬이 반복되니까요.

정교수 바로 그거야. 예측 가능한 소리는 정보량이 적어. 이건 클로드 섀넌의 정보이론에서 말하길, "정보란 예측 불가능성이다"라고 하지.

물리군 그럼 예측 가능한 건 정보가 적고, 그래서 지워도 상관없다는 뜻이네요?

정교수 그렇지. MP3는 이런 심리음향 모델과 수학을 결합해서 듣지 못하거나, 예측 가능한 소리를 삭제하고 압축해. 이 덕분에 음악 용량은 10분의 1 이하로 줄지만, 우리는 여전히 감동할 수 있지.

물리군 와, 그러니까 MP3는 단순한 기술이 아니라 우리 귀의 한계와 수학적 예측 가능성을 이용한 거군요?

정교수   그렇단다. 이건 마치 인간 두뇌와 수학이 협업해서 만든 '압축의 예술'이야. 삭제된 소리는 있지만, 우리는 그것을 인지로 채워 넣는 거지.

물리군   MP3는 '듣지 않아도 되는 정보'를 제거하고, 우리는 그 자리를 머리로 보완하며 감동을 하는군요.

물리군   교수님, 그럼 JPEG 이미지도 비슷한 방식인가요?

정교수   맞아. 이미지(JPEG), 동영상(MP4), 심지어 텍스트 압축도 다 "예측 가능하고 구별 못하는 정보는 제거한다"는 원리를 공유하고 있지. 이게 바로 정보이론의 놀라운 힘이야.

세 번째 만남

큐비트로 여는
양자알고리즘의 세계

양자정보, 중첩에서 시작되다 _ 파동함수와 고유상태의 언어

정교수 이제 양자정보에 대한 이야기를 시작해볼게. 양자정보는 정보이론을 양자화한 이론이야. 그러니까 양자의 개념에 대해 조금 알아둘 필요가 있어.

1920년대 후반에 하이젠베르크와 슈뢰딩거에 의해 양자역학의 방정식이 만들어졌다. 이들은 전자가 만족하는 양자역학의 방정식을 찾았는데, 그것은 전자의 에너지 연산자(해밀토니안) H를 전자의 파동함수 ψ에 작용하면 전자의 에너지를 알 수 있는 식이다. 이 식은

$$H\psi = E\psi \qquad (3\text{-}1\text{-}1)$$

라고 쓰며 슈뢰딩거 방정식이라고 부른다. 이때 허용 가능한 에너지는 연속적이지 않다. 즉 다음과 같이 불연속적인 에너지만이 허용된다.

$$E_1 < E_2 < E_3 < \cdots$$

허용된 에너지 E_i에 대응되는 파동함수를 ψ_i라고 하면 식(3-1-1)은

$$H\psi_1 = E_1\psi_1$$

$$H\psi_2 = E_2\psi_2$$

$$H\psi_3 = E_3\psi_3$$

⋮

가 된다. 이때 임의의 파동함수 ψ는 ψ_i들의 중첩으로 다음과 같이 주어진다.

$$\psi = c_1\psi_1 + c_2\psi_2 + c_3\psi_3 + \cdots \qquad (3\text{-}1\text{-}2)$$

여기서 중첩계수 $c_1, c_2, c_3\cdots$는 복소수이다. 여기서 식(3-1-2)를 양자 중첩이라고 부른다.

1928년 디랙은 만일 연산자를 행렬로 표현할 수 있으면 각각의 허용된 에너지를 주는 파동함수도 행렬로 표시할 수 있다는 것을 알아냈다. 예를 들어, 허용된 에너지가 E_1, E_2의 두 종류인 경우

$$H|\psi_1> = E_1|\psi_1>$$

$$H|\psi_2> = E_2|\psi_2>$$

라고 쓴다. 여기서 H는 2차 정사각 행렬이고 $|\psi_1>, |\psi_2>$는 열행렬이다. 열행렬은 열벡터라고도 부른다. 서로 다른 에너지를 주는 파동함수는 서로 독립적이기 때문에 이들은 열행렬로 나타내면 다음과 같이 간단하게 나타낼 수 있다.

$$|\psi_1> = \begin{pmatrix} 1 \\ 0 \end{pmatrix}$$

$$|\psi_2> = \begin{pmatrix} 0 \\ 1 \end{pmatrix}$$

이제 $|\psi_1>, |\psi_2>$에 대해 행과 열을 바꾸고 복소수 켤레를 취한 것을 수반이라고 하고

$|\psi_1>^\dagger = <\psi_1|$

$|\psi_2>^\dagger = <\psi_2|$

로 나타낸다. 즉,

$<\psi_1| = (1\ 0)$

$<\psi_2| = (0\ 1)$

이다.

두 열벡터 $|\psi_1>, |\psi_2>$에 대한 내적은 다음과 같이 정의된다.

$<\psi_1|\psi_1> = (1\ 0)\begin{pmatrix}1\\0\end{pmatrix} = 1$ (3-1-3)

$<\psi_2|\psi_2> = (0\ 1)\begin{pmatrix}0\\1\end{pmatrix} = 1$ (3-1-4)

$<\psi_1|\psi_2> = (1\ 0)\begin{pmatrix}0\\1\end{pmatrix} = 0$ (3-1-5)

식(3-1-3)과 식(3-1-4)는 두 열벡터 $|\psi_1>, |\psi_2>$의 크기가 1임을

나타내고 식(3-1-5)는 두 열벡터 $|\psi_1>, |\psi_2>$가 서로 수직(직교)임을 나타낸다. 이렇게 크기가 1이고 서로 수직인 열벡터를 '직교 정규화된 고유상태'라고 부른다. 특히 에너지 연산자에 대한 고유상태를 '에너지 고유상태'라고 부른다.

그러므로 임의의 파동함수는 다음과 같이 나타낼 수 있다.

$$|\psi_1> = c_1|\psi_1> + c_2|\psi_2>$$

또는

$$|\psi> = \begin{pmatrix} c_1 \\ c_2 \end{pmatrix}$$

여기서 c_1, c_2는 복소수이므로

$$<\psi| = |\psi>^\dagger = (c_1^* \; c_2^*)$$

이 된다.

임의의 파동함수를 정규화된 상태 (크기가 1인 상태)로 택하면
$$<\psi|\psi> = 1$$

이므로

$$|c_1|^2 + |c_2|^2 = 1$$

이다. 여기서 $P_1 = |c_1|^2$는 $|\psi>$ 속에서 $|\psi_1>$ 상태를 발견할 확률을 나타내고, 마찬가지로 $P_2 = |c_2|^2$는 $|\psi>$ 속에서 $|\psi_2>$ 상태를 발견할 확률을 나타낸다. 즉 양자 중첩계수를 알면 각 고유상태를 발견할 확률을 알 수 있다. 여기서 양자 중첩계수는 다음과 같이 쓸 수 있다.

$$<\psi_1|\psi>=c_1$$

$$<\psi_2|\psi>=c_2$$

상자 속 고양이의 운명 _ 슈뢰딩거 실험으로 본 양자의 세계

물리군 교수님, 요즘 유튜브에서 '슈뢰딩거의 고양이' 이야기를 자주 보는데요, 도대체 고양이가 왜 살아 있으면서 동시에 죽어 있다는 거예요? 진짜 그런 게 가능한가요?

정교수 좋은 질문이야. 그건 사실 '실제 실험'이 아니라, 물리학자 에르빈 슈뢰딩거가 만든 상상 실험이야. 양자역학이 너무 이상하다고 느껴져서, 그 이상함을 풍자하기 위해 만든 거지.

물리군 상상 실험이요? 무슨 실험이었어요?

정교수 1935년 물리학자 슈뢰딩거(Erwin Schrödinger)는 아인슈타인과의 토론을 통해 다음과 같은 재미있는 장치를 고안했어.[7]

---

7) Schrödinger, Erwin(November 1935), "Die gegenwärtige Situation in der Quantenmechanik (The Present Situation in Quantum Mechanics)", Naturwissenschaften, 23 (48): pp. 807-812.

고양이를 상자 안에 넣는다. 상자 안에는 방사성 물질과 청산가리가 들어 있는 병, 가이거 계수기가 있다. 방사성 물질이 붕괴하면 가이거 계수기가 이를 감지하고, 청산가리가 들어 있는 병을 깨트려 고양이를 죽인다. 하지만 방사성 물질이 붕괴할 확률은 50%이다. 따라서 상자를 열기 전까지 고양이는 살아 있는 상태와 죽은 상태가 중첩된 상태에 놓이게 된다.

양자역학에 따르면, 입자는 관측되기 전까지 여러 가지 상태가 동시에 존재하는 중첩 상태에 있다. 이는 마치 동전이 공중에 떠 있을 때 앞면과 뒷면이 동시에 존재하는 것처럼, 입자가 한 가지 확정된 상태가 아니라 가능성들의 조합으로 존재한다는 개념이다.

이러한 개념은 우리가 일상적으로 경험하는 거시적 세계의 상식과는 크게 어긋난다. 현실에서는 사과가 동시에 책상 위에 있으면서 없을 수는 없다. 이처럼 양자역학의 세계는 직관과 멀기 때문에, 많은 과학자조차 그 의미를 놓고 고심했다.

슈뢰딩거의 실험은 발표 직후부터 물리학계는 물론 철학계와 과학 철학자들 사이에서도 큰 논란을 일으켰다. "관측이란 무엇인가?", "실재란 무엇인가?", "정보가 상태를 결정하는가?"와 같은 깊은 질문들이 이어졌고, 이에 따라 다양한 양자역학 해석 이론들이 등장하게 되었다.

이제 수식을 써서 나타내보자. 고양이의 양자상태에 대해 고유상태(직교 정규화된 열벡터)는 다음과 같다.

$|alive>$ = 고양이가 살아 있는 상태

$|dead>$ = 고양이가 죽어 있는 상태

따라서 일반적인 고양이의 양자상태는 두 열벡터의 양자 중첩이 된다. 고양이의 양자상태를 $|\Psi>$라고 하면,

$$|\Psi> = c_a|alive> + c_d|dead>$$

이 된다. 여기서 양자 중첩계수들은 복소수이다. 그러므로 관측하기 전에 고양이가 살아 있을 확률은 $|c_a|^2$이 되고, 죽어 있을 확률은 $|c_d|^2$이 된다. 두 확률이 $\frac{1}{2}$로 같다고 하면, 관측 전 고양이의 양자상태는

$$|\Psi> = \frac{1}{\sqrt{2}}|alive> + \frac{1}{\sqrt{2}}|dead>$$

이 된다.

$$\frac{1}{\sqrt{2}}\left|\ \right> + \frac{1}{\sqrt{2}}\left|\ \right>$$

 이렇게 양자역학은 고유상태들의 중첩을 통해 계가 어떤 고유상태가 될 확률만 알 수 있을 뿐이다. 하지만 측정을 하면 중첩 상태였던 계는 한 개의 고유상태로 '붕괴(collapse)'하게 된다. 이것을 파동함수의 붕괴라고 부른다.

큐비트, 보이지 않는 정보의 가능성 _ 0과 1의 중첩과 붕괴

정교수 이제 우리가 본격적으로 비트를 양자화한 것, 즉 큐비트(qubit)에 대해 알아볼 거야.

물리군 큐비트는 새로운 단어인가요?

정교수 맞아. 양자를 나타내는 'quantum' 과 비트를 나타내는 영어 'bit'의 합성어야. 고전적인 비트는 단 두 개의 값, 0 또는 1 중 하나의 값만 가질 수 있어. 반면에 큐비트는 이 두 상태의 양자 중첩(superposition) 상태로 존재할 수 있지.

비트 0과 1에 대응되는 고유상태를 |0>, |1>이라고 하자. 이때 이들의 양자 중첩으로 만든 양자상태를 '큐비트'라고 부른다. 그러니까 큐비트는

$$|\psi> = c_0|0> + c_1|1>$$

으로 나타낼 수 있다. 고전적인 비트상태는 다음과 같이 행렬로 표현할 수 있다.

$$|0> = \begin{pmatrix} 1 \\ 0 \end{pmatrix}$$

$$|1> = \begin{pmatrix} 0 \\ 1 \end{pmatrix}$$

따라서 큐비트는 다음과 같이 열행렬로 쓸 수 있다.

$$|\psi> = c_0|0> + c_1|1> = \begin{pmatrix} c_0 \\ c_1 \end{pmatrix}$$

물리군 양자 중첩계수 c_0, c_1은 복소수죠?

정교수 맞아. 큐비트 $|\psi>$에서 |0>를 발견할 확률을 P_0라고 하면

$$P_0 = |<0|\psi>|^2 = |c_0|^2$$

이 되지. 마찬가지로 큐비트 $|\psi>$에서 |1>를 발견할 확률을 P_1이라고 하면

$$P_1 = |<1|\psi>|^2 = |c_1|^2$$

이 돼. 즉 확률의 총합은

$$<\psi|\psi> = P_0 + P_1 = 1$$

이 되지. 즉 큐비트의 크기가 1이라는 것은 큐비트에서 두 고전 비트 상태를 발견할 확률의 합이 1이라는 것을 의미하지.

물리군 큐비트는 0인지 1인지 알 수 없군요.

정교수 맞아. 측정하지 않으면 0인지 1인지 알 수 없어. 하지만 측정과 동시에 양자 중첩은 깨지고 우리는 0인지 1인지를 알 수 있지.

이제 비트 0 측정 연산자를

$$M_0 = |0><0|$$

라고 하면

$$M_0|\psi> = c_0|0>$$

이 된다. 마찬가지로 비트 1 측정 연산자를

$$M_1 = |1><1|$$

이라고 하면

$$M_1|\psi> = c_1|1>$$

이 된다. 모든 가능한 측정을 더하면 전체가 되니까

$$M_0 + M_1 = I$$

이 된다. 즉 M_0 또는 M_1은 양자 중첩을 깨는 역할을 하는 연산자이다.

큐비트를 조작하는 기술, 양자게이트 _ 유니터리 행렬과 선형 변환

정교수 자, 이제 큐비트를 배웠으니 그 큐비트를 조작하는 도구, 바로 '양자게이트(quantum gate)'에 대해 알아보자.

물리군 아, 고전 컴퓨터에서 AND나 NOT 같은 논리게이트처럼요?

정교수 비슷한 개념이긴 해. 하지만 양자게이트는 훨씬 더 유연하고 복잡한 연산을 할 수 있어. 무엇보다 양자게이트는 선형 변환(linear transformation)이고, 유니터리(unitary) 행렬로 표현되지. 어떤 행렬 A가 유니터리 행렬이면 $A^\dagger A = I$를 만족하지.

양자게이트는 큐비트를 다른 큐비트로 바꾸는 역할을 한다. 예를 들어 큐비트 $|\psi>$가 양자게이트 U를 통과해 큐비트 $|\psi'>$이 되었다고 해보자. 이때

$$|\psi'> = U|\psi>$$

이 되고, 이것을 그림으로 그리면 다음과 같다.

큐비트의 크기는 항상 1이므로 게이트를 통과한 이후에도 큐비트의 크기가 1이어야 한다. 즉,

$$<\psi'|\psi'> = 1 \tag{3-4-1}$$

이다. 여기서

$$<\psi'| = (|\psi'>)^\dagger = (U|\psi>)^\dagger = <\psi|U^\dagger$$

이므로 식(3-4-1)은

$$<\psi|U^\dagger U|\psi> = 1$$

이 되어

$$U^\dagger U = I$$

이 된다. 즉, 즉 양자게이트를 나타내는 행렬 U는 유니터리 행렬이다.

이제 NOT게이트를

$$X = \begin{pmatrix} 0 & 1 \\ 1 & 0 \end{pmatrix}$$

라고 하면

$X|0> = |1>$

$X|1> = |0>$

이 된다. $i = 0, 1$이라고 하면

$X|i> = |i> = |i \oplus 1>$

이 된다. 그러니까 NOT게이트에 의해 큐비트는 다음과 같이 변환된다.

$$|\psi'> = X|\psi> = \begin{pmatrix} c_1 \\ c_0 \end{pmatrix}$$

이 된다. 즉, X게이트를 통과하면 0을 발견할 확률과 1을 발견할 확률이 바뀌게 된다.

이제 Z게이트를

$$Z = \begin{pmatrix} 1 & 0 \\ 0 & -1 \end{pmatrix}$$

라고 하면

$$Z|0> = |0>$$

$$Z|1> = -|1>$$

이 된다. $i = 0, 1$이라고 하면

$$Z|i> = (-1)^i |i>$$

이다. 그러니까 Z게이트를 통과한 후의 큐비트는

$$|\psi'> = Z|\psi> = \begin{pmatrix} c_0 \\ -c_1 \end{pmatrix}$$

으로 변환된다.

이제 Y게이트를

$$Y = \begin{pmatrix} 0 & 1 \\ -1 & 0 \end{pmatrix}$$

라고 하면

$$Y|0> = |1>$$

$$Y|1> = -|0>$$

이 된다. 그러니까 Y게이트를 통과한 후의 큐비트는

$$|\psi'> = Y|\psi> = \begin{pmatrix} c_1 \\ -c_0 \end{pmatrix}$$

으로 변환된다. 세 개의 게이트 사이에는 다음과 같은 관계가 성립한다.

$ZX = Y$

→ X → Z → ≡ → Y →

아다마르 게이트의 수학 _ 프랑스 수학자가 만든 양자연산의 기초

정교수 이번에는 아다마르 게이트로 유명한 수학자 아다마르에 관해 이야기할게.

자크 살로몬 아다마르(Jacques Salomon Hadamard, 1865~1963, 프랑스)

아다마르는 1865년 12월 8일 프랑스 베르사유에서 태어났다. 그는 파리의 리세 샤를마뉴(Lycée Charlemagne)와 리세 루이 르 그랑(Lycée Louis-le-Grand)에서 수학 교육을 받았다. 1884년, 그는 프랑스 최고 엘리트 교육기관인 에콜 노르말 쉬페리외르(École Normale Supérieure)에 입학했다.

에콜 노르말 쉬페리외르

1892년, 아다마르는 리만 제타 함수에 대한 연구로 수학계의 주목을 받으며 박사학위를 받았고, 같은 해 프랑스 과학아카데미의 수학 그랑프리(Grand Prix des Sciences Mathématiques)를 수상했다. 이듬해 보르도 대학교수로 임용되었고, 결정식(determinant)의 부등식에 대한 연구를 통해 훗날 아다마르 행렬(Hadamard matrix)로 알려질 중요한 수학적 구조를 도입했다.

1896년, 그는 수학사에 길이 남을 두 가지 업적을 세운다. 첫째, 벨기에 수학자 드 라 발레 푸생과 독립적으로 소수정리(Prime Number Theorem)를 증명했다. 이 과정에서 그는 복소해석학과 리만 제타 함수의 성질을 활용했으며, 이 업적으로 현대 수론의 기반을 다졌다는 평가를 받는다.

물리군 아다마르 게이트는 뭐죠?

정교수 아다마르 게이트는 고전적인 비트상태를 큐비트로 만들어주는 역할을 해. 이 게이트는 다음과 같이 행렬로 나타낼 수 있어.

$$H = \frac{1}{\sqrt{2}} \begin{pmatrix} 1 & 1 \\ 1 & -1 \end{pmatrix}$$

그러므로

$$H|0> = \frac{1}{\sqrt{2}}(|0>+|1>)$$

$$H|1> = \frac{1}{\sqrt{2}}(|0>-|1>)$$

가 되지.

아다마르 게이트를 그림으로 그리면 다음과 같다.

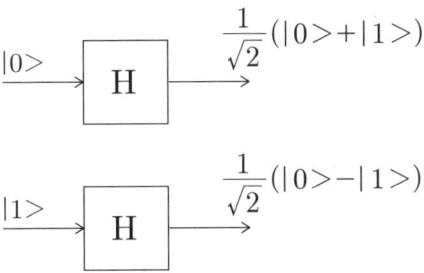

일반적으로 아다마르 게이트를 비트 i 고유상태에 작용하면 다음과 같다.

$$H|i> = \frac{1}{\sqrt{2}}[(-1)^i|i> + |\overline{i}>] \quad (i=0, 1)$$

아다마르 게이트는 다음 성질을 만족한다.

$$H^2 = I$$

예를 들어, 다음과 같다.

$$H^2|0> = |0>$$

$$H^2|1> = |1>$$

아다마르 게이트는 X, Z로 다음과 같이 나타낼 수 있다.

$$H = \frac{1}{\sqrt{2}}(X+Z)$$

따라서 다음 성질을 만족한다.

$HXH = Z$

$HZH = X$

$HYH = -Y$

텐서곱이란 무엇인가 _ 두 큐비트를 하나의 상태로 묘사하다

정교수 이번에는 텐서곱에 대해 알아볼게. 텐서곱은 행렬을 통해 정의돼.

다음과 같은 두 행렬 A, B를 생각하자.

$$A = \begin{pmatrix} a_{11} & a_{12} \\ a_{21} & a_{22} \end{pmatrix}, B = \begin{pmatrix} b_{11} & b_{12} \\ b_{21} & b_{22} \end{pmatrix}$$

이때 두 행렬의 텐서곱은 다음과 같이 정의된다.

$$A \otimes B = \begin{pmatrix} a_{11}\begin{pmatrix} b_{11} & b_{12} \\ b_{21} & b_{22} \end{pmatrix} & a_{12}\begin{pmatrix} b_{11} & b_{12} \\ b_{21} & b_{22} \end{pmatrix} \\ a_{21}\begin{pmatrix} b_{11} & b_{12} \\ b_{21} & b_{22} \end{pmatrix} & a_{22}\begin{pmatrix} b_{11} & b_{12} \\ b_{21} & b_{22} \end{pmatrix} \end{pmatrix} = \begin{pmatrix} a_{11}b_{11} & a_{11}b_{12} & a_{12}b_{11} & a_{12}b_{12} \\ a_{11}b_{21} & a_{11}b_{22} & a_{12}b_{21} & a_{12}b_{22} \\ a_{21}b_{11} & a_{21}b_{12} & a_{22}b_{11} & a_{22}b_{12} \\ a_{21}b_{21} & a_{21}b_{22} & a_{22}b_{21} & a_{22}b_{22} \end{pmatrix}$$

텐서곱에 대해서는 다음과 같은 성질이 성립한다.

(1) $(A+B) \otimes C = A \otimes C + B \otimes C$

(2) $(A \otimes B)(C \otimes D) = (AC) \otimes (BD)$

물리군   어떻게 증명하죠?

정교수   (2)번만 증명해볼게. 간단한 증명을 위해

$$A = \begin{pmatrix} a_1 \\ a_2 \end{pmatrix}$$

$$B = \begin{pmatrix} b_1 \\ b_2 \end{pmatrix}$$

$$C = (c_1 \ c_2)$$

$$D = (d_1 \ d_2)$$

라고 해볼게. 이때,

$$A \otimes B = \begin{pmatrix} a_1 b_1 \\ a_1 b_2 \\ a_2 b_1 \\ a_2 b_2 \end{pmatrix}$$

$$C \otimes D = (c_1 d_1 \ c_1 d_2 \ c_2 d_1 \ c_2 d_2)$$

이고,

$$AC = \begin{pmatrix} a_1 c_1 & a_1 c_2 \\ a_2 c_1 & a_2 c_2 \end{pmatrix}$$

$$BD = \begin{pmatrix} b_1 d_1 & b_1 d_2 \\ b_2 d_1 & b_2 d_2 \end{pmatrix}$$

가 되어 (2)가 성립한다는 것을 간단하게 알 수 있어.

물리군 텐서곱은 어디에 사용되죠?

정교수 두 개의 큐비트가 게이트로 들어가는 경우에 사용돼.

두 개의 큐비트가 게이트로 들어가는 경우를 생각하자. 게이트로 들어가는 두 개의 큐비트를 차례대로 1번 큐비트와 2번 큐비트라고 하자. 이때 1번 큐비트는

$$|\psi_1> = a|0>_1 + b|1>_1$$

라고 쓸 수 있고, 여기서 $|a|^2$은 $|\psi_1>$이 $|0>_1$일 확률을, $|b|^2$은 $|\psi_1>$이 $|1>_1$일 확률을 나타낸다. 즉,

$$|a|^2 + |b|^2 = 1$$

이다. 또한, 2번 큐비트는

$$|\psi_2> = c|0>_2 + d|1>_2$$

라고 쓸 수 있고, $|c|^2$은 $|\psi_2>$이 $|0>_2$일 확률을, $|d|^2$은 $|\psi_2>$이 $|1>_2$일 확률을 나타내므로,

$$|c|^2+|d|^2 = 1$$

이다.

이렇게 두 개의 독립적인 큐비트가 있을 때 두 큐비트 상태는 텐서곱으로 나타낼 수 있다. 즉, 1번 큐비트가 $|\psi_1>$이고 2번 큐비트가 $|\psi_2>$인 상태는 다음과 같이 텐서곱으로 나타낼 수 있다.

$$|\psi_1\psi_2> = |\psi_1> \otimes |\psi_2>$$

이것을 다시 쓰면

$$|\psi_1\psi_2> = (a|0>_1 + b|1>_1) \otimes (c|0>_2 + d|1>_2)$$

$$= ac|00> + ad|01> + bc|10> bd|11>$$

이 된다. 여기서

$$|00> = |0>_1 \otimes |0>_2$$

로 1번 큐비트가 $|0>_1$이고 2번 큐비트가 $|0>_2$인 상태를 나타내고, 1번 큐비트가 $|0>_1$이고 2번 큐비트가 $|1>_2$인 상태는

$$|01> = |0>_1 \otimes |1>_2$$

으로, 1번 큐비트가 $|1>_1$이고 2번 큐비트가 $|0>_2$인 상태는

$$|10> = |1>_1 \otimes |0>_2$$

으로, 1번 큐비트가 $|1>_1$이고 2번 큐비트가 $|1>_2$인 상태는

$$|11> = |1>_1 \otimes |1>_2$$

으로 나타낸다.

텐서곱의 정의로부터,

이 된다. 즉, 다음과 같다.

$$|0>_1 \otimes |1>_2$$

$$= \begin{pmatrix} 1 \\ 0 \end{pmatrix}_1 \otimes \begin{pmatrix} 0 \\ 1 \end{pmatrix}_2$$

$$= \begin{pmatrix} 1 \times \begin{pmatrix} 0 \\ 1 \end{pmatrix} \\ 0 \times \begin{pmatrix} 0 \\ 1 \end{pmatrix} \end{pmatrix}$$

$$= \begin{pmatrix} 0 \\ 1 \\ 0 \\ 0 \end{pmatrix}$$

이 된다. 즉, 다음과 같다.

$$|00> = \begin{pmatrix} 1 \\ 0 \\ 0 \\ 0 \end{pmatrix} \qquad |01> = \begin{pmatrix} 0 \\ 1 \\ 0 \\ 0 \end{pmatrix}$$

$$|10> = \begin{pmatrix} 0 \\ 0 \\ 1 \\ 0 \end{pmatrix} \qquad |11> = \begin{pmatrix} 0 \\ 0 \\ 0 \\ 1 \end{pmatrix}$$

한편 1번 큐비트가 $|0>_1$이고 2번 큐비트가 $|0>_2$일 확률은

$|a|^2|c|^2$

이 되고, 1번 큐비트가 $|0>_1$이고 2번 큐비트가 $|1>_2$일 확률은

$|a|^2|d|^2$

이 되고, 1번 큐비트가 $|1>_1$이고 2번 큐비트가 $|0>_2$일 확률은

$|b|^2|c|^2$

이 되고,

1번 큐비트가 $|1>_1$이고 2번 큐비트가 $|1>_2$일 확률은

$|b|^2|d|^2$

이 된다.

이제 두 큐비트에 대한 측정 연산자를 알아보자. 1번 큐비트를 i로 측정하고 2번 큐비트를 j로 측정하는 것을 ij-측정이라고 하고 이 측정 연산자를 Mij라고 하면

$$Mij = |ij><ij| \quad (i, j = 0, 1)$$

이 된다. 예를 들어 00 측정은 1번 큐비트를 0으로 측정하고 2번 큐비트를 0으로 측정하며,

$$M_{00}|\psi_1\psi_2> = ac|00>$$

이 된다. 한편, 첫 번째 큐비트는 0으로 측정하고 두 번째 큐비트는 측정하지 않는 경우는

$$M_0 \otimes I$$

라는 게이트에 의해 묘사될 수 있다. 이때

$$(M_0 \otimes I)|\psi_1\psi_2>$$

$$= (M_0 \otimes I)(|\psi_1> \otimes |\psi_2>)$$

$$= (M_0|\psi_1>) \otimes (I|\psi_2>)$$

$$= a|0> \otimes |\psi_2>$$

$$= ac|00> + ad|01>$$

이 된다. 즉, 이 게이트를 통과한 후 00를 측정할 확률은 $|a|^2|c|^2$이고 01을 측정할 확률은 $|a|^2|d|^2$이 된다.

복제할 수 없는 정보 _ 큐비트와 양자 복제금지 정리

정교수 큐비트는 복제가 안 돼.

물리군 왜죠?

정교수 복제 머신은 타켓 비트와 빈 비트가 들어가서 빈 비트를 타켓 비트로 바꾸어주는 장치야. 타깃 비트 상태를 $|\phi>$라고 하고 빈 비트상태를 $|0>$라고 하고 복제 머신을 U라고 하면 다음 그림과 같지.

그러니까

$$U(|\phi>\otimes|0>) = |\phi>\otimes|\phi>$$

가 되지. 고전 비트의 경우에는 $|\phi>$가 $|0>$ 또는 $|1>$이니까

$$U(|0>\otimes|0>) = |0>\otimes|0>$$

$$U(|1>\otimes|0>) = |1>\otimes|1>$$

이 돼. 이러한 U는 다음과 같아.

$$U = \begin{pmatrix} 1 & 0 & 0 & 0 \\ 0 & 1 & 0 & 0 \\ 0 & 0 & 0 & 1 \\ 0 & 0 & 1 & 0 \end{pmatrix}$$

물리군 고전 비트는 복제가 되는군요.

정교수 맞아. 하지만 $|\phi>$가 큐비트인 경우는 복제가 안 돼. 이 경우

$$|\phi> = a|0> + b|1>$$

인데,

$$U(|\phi>\otimes|0>)$$

$$= U((a|0> + b|1>)\otimes|0>)$$

$$= aU(|0>\otimes|0>) + bU(|1>\otimes|0>)$$

$$= a|00> + b|11>$$

이 되고,

$$|\phi>\otimes|\phi>=a^2|00>+ba|10>+ab|01>+b^2|11>$$

이 되어,

$$U(|\phi>\otimes|0>)\neq|\phi>\otimes|\phi>$$

가 되지. 즉 큐비트는 복제가 되지 않아. 이것을 '복제금지정리'라고 불러.

물리군 이 정리는 누가 처음 알아냈나요?

정교수 '양자복제금지정리(Quantum No-Cloning Theorem)'는 1982년에 데니스 디에크스[8], 그리고 거의 같은 시기에 윌리엄 우터스, 보이체프 주렉[9]에 의해 독립적으로 정리되었어.

데니스 디에크스(Dennis Geert Bernardus Johan Dieks, 1949~, 네덜란드)

---

8) D.Dieks(1982), "Communication by EPR devices", Physics Letters A. 92 (6): pp. 271-272.

9) W. Wootters and W.Zurek(1982), "A Single Quantum Cannot be Cloned", Nature. 299 (5886): pp. 802-803.

윌리엄 우터스(William Bill Kent Wootters, 1951~, 미국)

보이체프 주렉(Wojciech Hubert Zurek, 1951~, 폴란드-미국)

네 번째 만남

양자역학, 논쟁에서 실험으로

아인슈타인과 보어의 양자 논쟁 _양자역학은 완전한가

정교수   아인슈타인 하면 상대성이론이 떠오르지만 아인슈타인도 양자역학에 많은 관심을 가졌어. 그리고 아마도 양자정보 이론의 시작도 아인슈타인부터 시작되지. 이제 아인슈타인이 양자역학에 대해 보어와 벌였던 오랜 기간의 논쟁에 대해 알아볼게. 오랜 기간의 논쟁에도 불구하고 두 사람은 아주 좋은 친구로 지냈어.

보어(사진 왼쪽)와 아인슈타인

아인슈타인은 막스 플랑크(Max Planck)이 발견한 광자(빛의 양자)를 믿었지만, 보어는 1925년까지 광자의 존재를 믿지 않았어. 보어는 전자가 양자라는 사실과 하이젠베르크의 불확정성원리만을 인정했지.

보어-아인슈타인 논쟁은 양자역학의 발전에 큰 기여를 했는데, 그 시작은 1927년 벨기에 브뤼셀에서 열린 제5차 솔베이 학회이다. 솔베이 학회는 벨기에의 부호 솔베이가 1911년 제1차 학회를 시작한 이래 세계적인 물리학자들을 초대해 이루어진 학회였다.

제5차 솔베이 학회 참석자들.
셋째 줄 왼쪽부터 오귀스트 피카르(A. Piccard), 에밀 앙리오(E. Henriot), 파울 에렌페스트(P. Ehrenfest), 에드워드 헤어젠(E. Herzen), 테오필 드 돈데르(Th. De Donder), 에르빈 슈뢰딩거(E. Schrödinger), 장 바티스트 장세르 베르샤펠트(J.E. Verschaffelt), 볼프강 파울리(W. Pauli), 베르너 하이젠베르크(W. Heisenberg), 랄프 하워드 파울러(R.H. Fowler), 레옹 브릴루앵(L. Brillouin),
둘째 줄 왼쪽부터 피터 드바이(P. Debye), 마르틴 크누센(M. Knudsen), 윌리엄 로런스 브래그(W.L. Bragg), 헨드릭 크라머스(H.A. Kramers), 폴 디랙(P.A.M. Dirac), 아서 콤프턴(A.H. Compton), 루이 드 브로이(L. de Broglie), 막스 보른(M. Born), 닐스 보어(N. Bohr),
첫째 줄 왼쪽부터 어빙 랭뮤어(I. Langmuir), 막스 플랑크(M. Planck), 마리 스클로도프스카 퀴리(M. Skłodowska-Curie), 헨드릭 로런츠(H.A. Lorentz), 알베르트 아인슈타인(A. Einstein), 폴 랑주뱅(P. Langevin), 샤를 에드워드 기(Ch. E. Guye), 찰스 톰슨 리스 윌슨(C.T.R. Wilson), 오언 윌런스 리처드슨(O.W. Richardson).

이 학회에 참석한 아인슈타인은 보어를 비롯한 양자역학의 창시자들에게 자신의 사고실험을 통해 양자역학의 불완전함을 알리려 했다. 아인슈타인은 다음과 같은 이중 슬릿 실험을 생각했다.

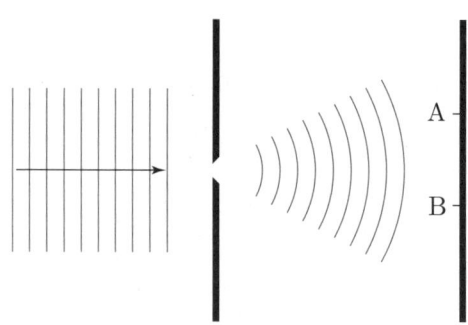

양자역학이 완벽하다면 양자 입자는 파동함수에 의해 완벽하게 묘사되어야 한다. 그런데 파동함수가 스크린에 도착하는 순간, 파동함수는 순식간에 사라지고 스크린에는 하나의 점만이 남게 된다. 여기서 아인슈타인이 문제 삼은 것은 바로 파동함수의 붕괴였다.

위 그림에서 슬릿을 통과한 양자 입자가 스크린의 A에 도착했다고 하자. 관측자는 양자 입자가 A에 도착했다는 사실을 앎과 동시에 A와 다른 위치인 B에 도달하지 않았음을 알게 된다. 두 관측 사실은 동시에 이루어졌으므로 관측자가 첫 번째 결과(양자 입자가 A에 도착)를 인지한 후 두 번째 결과(양자 입자가 B에 도착)를 인지할 때까지 시간이 전혀 걸리지 않았다. 하지만 관측을 하기 전에 스크린의 어떤 위치에서 양자 입자를 발견할 확률은 스크린 전체에 골고루 분포되어 있었다.

아인슈타인은 파동함수의 붕괴가 믿을 수 없는 원거리 작용을 만든다고 생각했다. 확률적으로 스크린의 모든 영역에 골고루 퍼져 있던 양자 입자가 순식간에 한 점에 집중된다는 것은 관측이 계의 상태를 심각하게 바꾼다는 것을 의미한다. 게다가 이러한 관측은 서로 다른 위치에서 동시에 이루어지므로 한 장소에서의 관측 후 다음 장소에서의 관측에 걸리는 시간은 0이 되어 정보가 이동하는 속도는 무한대가 되어 특수상대성이론에 위배된다.

다음으로 아인슈타인이 제기한 사고실험은 다음과 같은 장치였다.

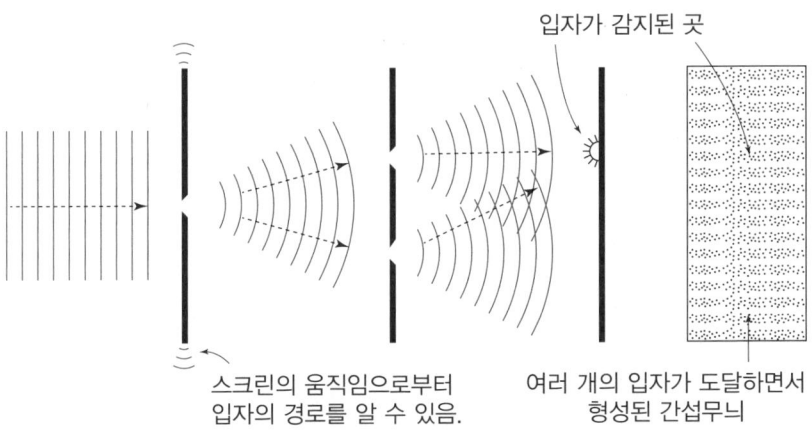

스크린의 움직임으로부터 입자의 경로를 알 수 있음.

입자가 감지된 곳

여러 개의 입자가 도달하면서 형성된 간섭무늬

하나의 슬릿이 있는 첫 번째 스크린과 슬릿이 없는 스크린 사이에 두 개의 슬릿이 있는 스크린을 삽입했다. 이때 양자 입자가 첫 번째 스크린의 슬릿을 통과하면서 굴절되는 방향을 알 수 있으면 그 입자가 두 번째 스크린의 두 개의 슬릿중 어느 슬릿을 통과하는지를 알 수 있다. 이 입자가 마지막 스크린에 흔적을 남기면 경로를 역추적하여 입자가 지나온 전체 경로를 알 수 있다. 이때 마지막 스크린 전체에는 간섭무늬가 나타난다. 간섭무늬가 나타나는 것은 양자 입자의 파동 속성이고 입자의 경로를 정확하게 알 수 있다는 것은 양자 입자의 입자 속성이므로 이 실험을 통해 양자 입자의 파동속성과 입자 속성이 동시에 관측된다. 하지만 보어는 양자 입자의 이중성의 경우 두 속성이 동시에 관측될 수는 없다고 주장했다. 이것을 '보어의 상보성원리'라고 부른다. 그러므로 아인슈타인의 사고실험은 보어의 상보성원리와 일치하지 않는다.

아인슈타인은 이 두 가지 사고실험을 통해 양자역학이 아직까지는 불완전한 이론이라고 주장했다.

보어는 아인슈타인의 공격에 대해 반론을 펴기 위해 다음과 같은 장치를 떠올렸다.

양자 입자가 첫 번째 스크린에 전달하는 운동량을 조절하고 관측하려면 스크린은 수직 방향으로 움직일

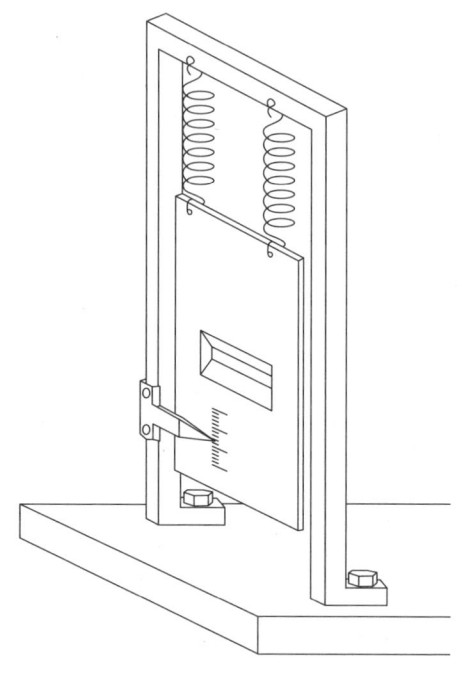

수 있어야 한다. 아인슈타인은 양자 입자가 슬릿을 통과할 때 생기는 스크린의 반동으로부터 입자가 슬릿을 통과한 후 굴절되는 방향을 알 수 있다고 주장했다.

 이 점에 대해 보어의 생각은 달랐다. 위 그림처럼 첫 번째 스크린의 슬릿을 만들었을 때 첫 번째 스크린에 새겨진 눈금을 정확히 읽기 위해서는 그곳에 빛을 쪼여야 한다. 즉 광자가 눈금과 충돌해야 한다. 그런데 광자는 양자이고 운동량을 가지고 있으므로 광자의 운동량으로 인해 스크린은 제어할 수 없는 흔들림 현상을 겪게 된다. 그러므로 스크린의 위치와 운동량 사이에는 불확정성원리가 성립된다. 따라서 아인슈타인이 주장한 것처럼 양자 입자가 슬릿을 통과한 후 굴절되는 방향을 정확히 결정할 수 없다. 이렇게 두 사람의 첫 번째 양자 논쟁이 끝이 났다.

정교수 이제 아인슈타인과 보어의 두 번째 양자 논쟁에 관해 이야기할게. 두 번째 양자 논쟁은 1930년 제6차 솔베이 학회에서 벌어지지. 아인슈타인이 제안한 사고실험 장치는 다음 그림과 같아.

 한 면에 조그만 구멍이 뚫

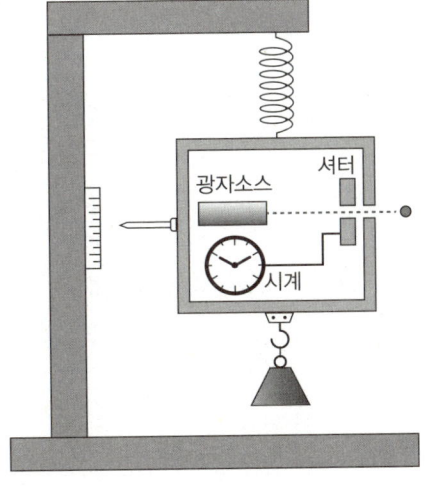

린 상자가 있고 상자 안에는 시계가 있고 이 시계는 구멍을 여닫는 셔터와 연결되어 있다. 우선 상자를 광자로 가득 채운 후 상자의 무게를 측정한다. 그다음 정확한 시각에 셔터를 열어 광자 하나가 상자를 빠져나가면 셔터를 닫고 상자의 무게를 측정한다. 이 시간 간격은 아주 짧다. 이때 상자의 무게는 감소하는데, 그 감소된 무게로부터 빠져나간 광자의 에너지를 정확하게 측정할 수 있다. 즉, 광자의 에너지를 라고 하면 에너지의 오차를 0으로 만들 수 있다.

$\Delta E = 0$

또한 셔터를 여닫는 시간을 충분히 작게 잡을 수 있으므로

$\Delta t = 0$

로 만들 수 있다. 그러므로

$\Delta E \times \Delta t = 0$

가 되는데 양자역학에 의하면

$\Delta E \times \Delta t = h$

가 되어야 한다. 그러므로 양자역학은 불완전하다는 것이 아인슈타인의 생각이었다.

물리군 보어는 어떻게 대응했나요?

정교수 보어는 상자의 무게를 측정하는 과정을 살펴보았지. 이때 알맞은 무게의 추를 선택해 용수철의 탄성력과 평형을 이룰 때 눈금을 읽으면 상자의 무게를 알 수 있어. 그런데 눈금을 읽기 위해서는 바늘과 눈금에 빛을 쪼여야 하지. 그러면 상자의 운동량은 제어할 수 없을 정도로 불확실해지지. 그러니까 관측이 진행되는 동안 빛과의 상호작용으로 인해 상자는 위아래로 진동하게 돼. 그러니까 이 시간 동안 상자의 평균 위치를 알아야 하는데, 이 시간이 길수록 상자의 무게를 더 정확히 측정할 수 있지. 그러니까 시간이 길수록 빠져나간 광자의 에너지를 더 정확히 측정할 수 있어. 즉 시간의 오차와 에너지의 오차는 서로 반비례하며 불확정성원리를 만족하지.

물리군 두 논쟁 대결의 승자는 보어군요.

정교수 과학자들은 그렇게 생각하고 있어. 하지만 아인슈타인과의 논쟁은 양자의 개념을 발전시키는 데 큰 영향을 주게 되지.

EPR 패러독스, 양자역학을 흔든 질문 _ 얽힘인가, 유령의 작용인가

정교수 이제 양자정보 이론의 탄생에 중요한 역할을 하는 EPR 패러독스에 대해 이야기할게.

물리군 EPR이 뭐죠?

정교수 1935년에 발표된 「양자역학적 실재에 대한 기술은 완전한 것인가?」라는 논문을 쓴 세 명의 저자의 첫 글자야.

E는 아인슈타인의 이니셜이고 P는 포돌스키의 이니셜이고 R은 로젠의 이니셜이야. 아인슈타인의 전기는 많이 다루었으니까 나머지 두 사람에 대해 조금 알아볼게.

A. Einstein   B. Podolsky   N. Rosen

러시아계 미국인인 포돌스키(Boris Yakovlevich Podolsky, 1896~966)는 1896년 러시아 제국의 돈 호스트 주(Don Host Oblast)에 있는 타간로크의 가난한 유대인 가정에서 태어나 타간로크 김나지움을 다녔다. 그는 1913년에 미국으로 이주했다. 그는 1918년 서던 캘리포니아 대학(University of Southern California)에서 전기공학 학사 학위를 받은 후 미 육군에서 복무한 후 로스앤젤레스 전력조명국(Los Angeles Bureau of Power and Light)에서 근무했다. 1926년에 그는 서던 캘리포니아 대학에서 수학 석사학위를 받고 1928년 칼텍(Caltech)에서 이론물리학 박사학위를 받았다. 그는 버클리 대학과 라이프치히 대학에서 연구한 후 1930년에 칼텍으로 돌아와 1년 동안 톨만(Richard C. Tolman)과 함께 일했다. 그런 다음 그는 우크라이나 물리 기술 연구소(소련 하르키우)로 가서 블라디미르 포크(Vladimir Fock), 폴 디랙(Paul Dirac), 레프 란다우(Lev Landau)와 공동연구를 했다. 1932년 그는 디랙, 포크와 함께 양자 전기역학에 대한 독창적인 초기 논문을 발표했으며, 1933년 그는 프린스턴 고등연구소의 펠로우십으로 미국으로 돌아왔다.

로젠은 뉴욕 브루클린의 유대인 가정에서 태어났다. 대공황 기간 MIT에 다녔으며, 그곳에서 전기 기계 공학 학사학위를 받았고 나중에 물리학 석사 및 박사 학위를 받았다. 그는 1932년 MIT에서 박사 학위를 받고 프린스턴 대학으로 연구를 하러 갔다. 1934년에 고등 연구소에서 아인슈타인의 조수가 되어 1936년까지 그 직책을 계속했다.

물리군 세 사람은 어떻게 만난 거죠?

정교수 아인슈타인이 프린스턴 고등연구소에 있는 동안 양자역학에 관해 새로이 연구하기 위해 젊은 물리학자를 찾던 중 두 사람이 아인슈타인의 눈에 들어온 거지. 세 사람은 양자역학이 얼마나 불완전한지를 사람들에게 알리기 위해 새로운 사고실험을 생각했는데, 이것이 바로 EPR 패러독스야.

물리군 어떤 내용이죠?

정교수 두 개의 양자 입자 A, B를 생각해봐. 두 입자의 위치연산자를 $\hat{x}_A$와 $\hat{x}_B$라고 하고 두 입자의 운동량 연산자를 각각 $\hat{p}_A$와 $\hat{p}_B$라고 하면 하이젠베르크 관계식은

$$[\hat{x}_A, \hat{p}_A] = i\hbar$$

$$[\hat{x}_B, \hat{p}_B] = i\hbar$$

이 돼. 이것은 불확정성원리

$$(\Delta x_A)(\Delta p_A) \neq 0$$

$$(\Delta x_B)(\Delta p_B) \neq 0$$

를 의미하지. 즉, A의 위치와 운동량을 동시에 정확하게 관측할 수 없어. 마찬가지로 B의 위치와 운동량도 동시에 정확하게 관측할 수 없지. 하지만 A의 위치와 B의 운동량 또는 A의 운동량과 B의 위치 사이에는 불확정성원리가 적용되지 않아. 이것은

$$[\hat{x}_A, \hat{p}_B] = 0$$

$$[\hat{x}_B, \hat{p}_A] = 0$$

를 의미하지.

이제 두 위치연산자의 차이를 나타내는 연산자를

$$\hat{X} = \hat{x}_A - \hat{x}_B$$

로 정의하고 두 운동량 연산자의 합을 나타내는 연산자를

$$\hat{P} = \hat{p}_A + \hat{p}_B$$

라고 하면,

$$[\hat{X}, \hat{P}] = 0$$

이 돼. 이것은

$$(\Delta X)(\Delta P) = 0$$

를 의미하니까 두 양자 입자의 위치의 차이와 운동량의 합은 동시에 정확하게 결정할 수 있게 돼.

아인슈타인과 포돌스키, 로젠은 두 양자 입자가 상호작용을 한 후 서로 반대 방향으로 아주 멀리 이동한 경우를 생각했어. 이때 입자 A의 위치를 정확히 측정했다고 하면 순식간에 B의 위치도 정확히 측정돼. 마찬가지로 입자 A의 운동량을 정확히 측정했다고 하면 순식간에 B의 운동량도 정확히 측정되지. 즉, A의 위치를 측정한 후 B의 위치를 측정하는 데 걸리는 시간은 0이 돼. 둘은 멀리 떨어져 있는데 측정에 걸리는 시간차가 0이라는 것은 두 양자 입자의 상태에 대한 정보가 광속보다 빠르게 이동했다는 걸 말하지. 이것은 특수상대성이론에 위배가 돼. 아인슈타인은 유령이 있어 유령이 둘 사이에 원거리 작용을 하지 않는 한 이런 일은 일어날 수 없다며 양자역학의 불완전성을 지적했어. 아인슈타인이 주장한 유령을 과학자들은 숨은 변수라고 불러.

물리군　두 양자 입자의 위치나 운동량 말고 다른 예도 있나요?

정교수　물론 있어. 예를 들어 소립자의 스핀을 생각해볼 수 있어.

물리군　어떤 경우죠?

정교수　예를 들어 파이온이 붕괴해 양전자와 전자의 쌍이 나타나는 과정의 경우 파이온의 스핀이 0이므로 전자가 스핀 업 상태이면 양전자는 스핀 다운 상태가 되어야 해. 이것은 전자와 양전자가 멀리 떨어져 있어도 성립해야 하지. 즉 두 입자가 아무리 멀리 떨어져 있어도 둘 중 하나의 스핀을 측정하면 다른 입자의 스핀이 결정되지.

물리군　와, 그럼 전자의 스핀만 측정해도, 양전자의 스핀을 즉시 알 수 있다는 거네요?

정교수　맞아. 마치 둘이 보이지 않는 줄로 연결되어 있는 것처럼 말이지. 이것을 양자 얽힘이라고 불러. 슈뢰딩거가 얽힘이라는 용어를 처음 사용했어. 하지만 이걸 받아들이기 싫어한 사람이 있었지.

물리군　혹시⋯ 아인슈타인?

정교수　정답. 아인슈타인은 이런 상황을 이해할 수 없었어. 그는 "자연은 국소적이어야 한다"고 믿었지.

물리군　국소적⋯이라는 게 무슨 뜻이죠?

정교수　간단히 말해서, "멀리 떨어진 두 물체는 서로 즉각 영향을 줄 수 없어야 한다"는 거야. 즉, 빛보다 빠르게 멀리 있는 물체에 영향이 가면 안 된다는 거지. 그건 상대성이론에도 어긋나고.

물리군　그런데 얽힘이 맞는다면, 전자가 스핀을 바꾸면 아무리 멀리 떨어져 있어도 순식간에 양전자가 스핀을 바꾸니까 빛보다 빠르게 정보가 전달되는군요.

정교수 그렇지. 그래서 아인슈타인은 말했어. "양자역학이 뭔가 숨은 변수(hidden variable)를 놓치고 있는 게 아닐까?" 그러니까 우리가 아직 모르는 정보가 있어서, 그게 스핀을 이미 정해놓았던 거고, 관측은 단지 그걸 드러낼 뿐이라고 본 거야.

벨 부등식의 도전 _ 얽힘인가, 숨은 변수인가

정교수 EPR 패러독스 문제를 해결한 물리학자 존 벨을 소개할게.

존 스튜어트 벨(John Stewart Bell, 1928~990, 영국)

벨은 북아일랜드 벨파스트의 노동자 계급 가정에서 태어났다. 경제적 어려움으로 인해 부모님과 세 명의 형제자매 중 누구도 고등학교를 마치지 못했고, 보통 14세가 되면 일을 하기 위해 학교를 그

만두었다. 11살 때 그는 과학자가 되기로 결심했고, 어머니의 격려로 16살 때 벨파스트 기술 고등학교를 졸업했다. 이후 퀸스 대학(Queen's University Belfast)에 진학한 그는, 실험물리학과 수리물리학 학위를 각각 1948년과 1949년에 연이어 취득하며 빛나는 학문적 여정을 시작했다.

퀸스 대학

1950년대 초, 벨은 영국 맬번에서 가속기 물리학을 연구하며 같은 물리학자 메리 로스를 만나 1954년에 결혼했다. 그들은 둘 다 이론에 대한 깊은 애정과 인류를 향한 따뜻한 시선을 공유했다. 벨은 10대 시절부터 채식주의자였고 종교적으로는 무신론자였지만, 그의 정신 세계는 늘 '진실'을 향해 열려 있었다.

벨은 박사학위(1956년, 버밍엄 대학)를 받은 뒤, 영국 원자력 연구소(AERE)에서 경력을 시작했고, 1960년부터는 CERN(유럽 입자물리 연구소)으로 자리를 옮겨 이론 입자물리학과 가속기 설계에 집중했다.

벨이 전 세계에 이름을 떨치게 된 것은 놀랍게도 그의 '본업'이 아닌 분야에서였다. 그는 여가 시간마다 양자역학의 기초적 문제들, 특히 EPR 패러독스 문제에 관심을 가졌다. 그는 다음과 같은 의문을 제기했다.

"숨은 변수가 정말 있다면 그걸 증명할 수 있는 수학적 기준도 있어야 하지 않을까?"

그래서 벨은 마치 진실을 가려내는 리트머스 시험지 같은 수학 공식 하나를 만들었는데, 이것이 바로 '벨 부등식'이었다.

벨은 1964년 벨 부등식에 대한 내용을 담은 '벨의 정리(Bell's Theorem)'를 발표했다. 이 정리에 따르면 벨 부등식을 만족한다면 숨은 변수가 존재하고 그렇지 않다면 숨은 변수는 존재하지 않는다.

벨 부등식을 간단하게 알아보자. A와 B는 각각 실험 장치를 가지고 있다고 해보자. A는 두 가지 각도 중 하나(a 또는 a')를 선택하고, B도 두 가지 각도 중 하나(b 또는 b')를 선택한다. 두 실험 장치는 각각의 입자의 스핀을 측정하고 측정 결과는 항상 +1 또는 -1이라고 하자.

벨은 $E(a, b)$를 각도 a에서 측정한 입자의 스핀과 각도 b에서 측정한 입자의 스핀의 일치 정도를 나타내는 값이라고 정의하자. 즉, 두 입자의 스핀이 같은 값으로 측정되면 $E(a, b)$는 +1이고 다른 값으로 측정되면 -1이다.

벨이 발견한 부등식은

$$|E(a,b)+E(a,b')+E(a',b)-E(a',b')|\leq 2$$

이다. 즉, 각도를 바꿔가면서 여러 번 평균 낸 후 이 부등식이 만족되면 숨은 변수가 존재하고 부등식을 만족하지 않으면 숨은 변수는 존재하지 않으면서 양자얽힘은 일어난다.

물리군 부등식이 만족되면 아인슈타인의 생각이 옳은 거고 만족되지 않으면 아인슈타인의 생각이 틀린 거군요.

정교수 맞아.

실험으로 드러난 양자 얽힘 _ 존 클라우저가 이끈 양자정보의 시대

정교수 이제 벨 부등식 실험으로 노벨 물리학상을 받은 존 클라우저의 이야기를 해볼게.

존 프랜시스 클라우저(John Francis Clauser, 1942~, 미국, 2022년 노벨 물리학상 수상)

존 프랜시스 클라우저는 1942년 미국 캘리포니아주 패서디나에서 태어났다. 그는 어릴 적부터 과학과 학문이 가까이 있는 환경에서 자랐다. 그의 아버지 프랜시스 H. 클라우저는 존스 홉킨스 대학에서 항공학과를 창설하고 학과장을 지낸 인물로, 이후 캘리포니아 공과대학(Caltech)에서 밀리컨 교수직을 맡아 공학 교수로 재직했다. 어머니 캐서린 맥밀런은 같은 대학의 인문학 도서관 사서로 일했으며, 1951년 노벨 화학상 수상자인 에드윈 맥밀런의 여동생이었다. 이처럼 존 클라우저는 과학적 전통과 학문적 유산이 깃든 가정에서 성장했다.

에드윈 맥밀런(Edwin Mattison McMillan, 1907~1991, 미국, 1951년 노벨 화학상 수상)

1964년 그는 캘리포니아 공과대학에서 물리학 학사 학위를 받았다. 학부 시절 그는 같은 대학 기숙사 커뮤니티인 '대브니 하우스(Dabney House)'의 일원이었으며, 학문과 실험에 대한 열정을 키웠다. 이후 1966년에는 물리학 석사학위를, 1969년에는 뉴욕의 컬럼비아 대학에서 패트릭 타데우스(Patrick Thaddeus)의 지도 아래 물리학 박사학위를 취득했다.

1969년, 존 클라우저는 캘리포니아 대학 버클리 캠퍼스와 로렌스 버클리 국립 연구소에서 박사후 연구원으로 새로운 연구를 시작한다. 그의 관심은 양자역학의 해석과 현실성, 그리고 얽힘 현상에 대한 물리적 실험 가능성에 쏠려 있었다.

1972년, 존 클라우저는 버클리 대학원생 스튜어트 프리드먼(Stuart Freedman)과 함께 역사적인 실험을 수행한다.[10]

이 실험은 벨 부등식이 예측한 결과를 실험적으로 검증한 세계 최초의 시도였다.

두 사람이 사용한 대상은 얽힌 상태에 있는 두 개의 광자였다. 얽힘상태란 아주 특별한 양자적 결합으로 인해 한 입자를 측정하면 다른 입자의 상태도 즉시 정해지는 상태이다. 이 두 광자는 서로 반대 방향으로 날아가며 각자 다른 편에서 측정된다.

클라우저와 프리드먼은 칼슘 원자를 들뜬 상태로 만들어, 얽힌 광

---

10) S. J. Freedman & J. F. Clauser, Experimental Test of Local Hidden-Variable Theories, Physical Review Letters, Vol. 28, No. 14, pp. 938-941 (1972).

자 쌍을 방출하게 만들었다. 두 개의 광자는 각기 다른 방향으로 날아간다. 각 방향의 끝에는 편광 필터가 있어서 도착한 광자가 어느 방향으로 진동하고 있는지 검사한다. 광자의 진동 방향이 편광 필터 방향과 맞으면 통과하고 그렇지 않으면 차단된다.

클라우저와 프리드먼은 두 광자가 통과했는지, 차단됐는지를 동시에 비교했다. 실험 결과는 두 광자가 둘 다 통과하거나 차단되는 경우가 너무 자주 나왔다. 이건 마치 한쪽에서 어떤 결과가 나면, 다른 쪽에서도 같은 결과가 동시에 나타나는 것처럼 보이는 아주 신기한 현상이었다.

클라우저와 프리드먼은 수천 번 실험하면서 다양한 편광 필터 각도에서 두 광자의 결과가 얼마나 자주 "같은 행동"을 하는지 측정했다. 그 결과, 벨 부등식에 해당하는 수치는 2.3 정도가 나와 벨 부등식을 만족하지 않는다는 것을 알아냈다. 다시 말해, 국소적 숨은 변수 이론은 틀렸고, 양자 얽힘이 진짜라는 게 입증된 것이다. 이 실험은 "얽힌 두 입자는, 설령 서로 멀리 떨어져 있어도 하나처럼 행동한다"는 사실을 세상에 증명했다. 존 클라우저는 그 결과를 보고 이렇게 회고했다.

"나는 그때부터 양자역학이 정말로 말도 안 되게 정확하다는 걸 믿기 시작했어요."

이 실험은 단순히 이론과 실험의 일치를 보여준 게 아니었다. 이로써 양자 얽힘은 철학적 개념이 아니라 물리적으로 실존하는 현상임이 드러났다. 이것은 양자 얽힘의 실존성, 그리고 양자정보과학의 출발점이 되었다.

빛보다 빠른 정보는 가능한가 _ 아스페 실험과 벨 부등식의 극복

정교수 클라우저의 실험을 좀 더 발전시켜 노벨 물리학상을 받은 알랭 아스페에 대한 이야기를 해볼게.

알랭 아스페(Alain Aspect, 1947~ , 프랑스, 2022년 노벨 물리학상 수상)

알랭 아스페는 프랑스 남서부의 아쟁(Agen)에서 태어났다. 아스페는 18세에 파리의 명문 고등사범학교 에콜 노르말 쉬페리외르 드 카숑(École Normale Supérieure de Cachan)에 입학해 물리학을 공부했다.

파리의 명문 고등사범학교인 에콜 노르말 쉬페리외르 드 카숑

아스페는 1969년 물리학 석사학위를 받고 1971년 오르세 대학(이후 파리-수드 대학)에서 박사학위를 받았다. 그 후 그는 당시 의무 군 복무를 대신해 카메룬에서 3년 동안 가르쳤다.

아스페는 클라우저와 프리드먼의 실험을 검토해보았다. 두 사람은 정말 멋진 실험을 했지만 한 가지 약점이 있었다. 편광 필터의 각도를 미리 정해놓고 실험했기 때문에 광자들이 측정 전에 그 각도를 알 수 있었을지도 모른다는 것이다. 즉, "애네가 미리 알고 맞춘 게 아니야?"라는 의심을 완전히 없애지는 못했다. 즉, 클라우저의 실험에서는 편광 필터의 방향이 미리 정해져 있었기 때문에 한쪽 광자가 다른 쪽 측정기의 설정을 미리 알고 반응했을 가능성을 완전히 막을 수 없었다. 그래서 진짜로 '국소성'이 깨졌는지 확실히 알기 어려웠다.

1981년 아스페는 이 의심을 완전히 없애기 위해 얽힌 광자 쌍이 생성되어 각 방향으로 날아가는 도중, 두 편광 필터의 방향을 전자적 신호로 아주 빠르게 전환하는 방법을 썼다. 전환 속도는 약 10~20나노초[11] 간격으로 매우 짧았으며, 광자가 필터에 도달할 때쯤 측정기의 방향이 랜덤하게 바뀌는 구조였다. 이 설정은 한 쪽 광자가 도착하기 직전까지 필터의 상태가 확정되지 않았기 때문에 다른 쪽 광자가 그 정보(편광 필터의 각도)를 빛보다 빠르게 '알 수 없는 조건'을 만들었다.

　아스페의 실험에서는 광자들이 날아오는 도중, 아주 짧은 시간 안에 편광 필터의 방향을 빠르게 바꾸는 장치를 사용했다. 이렇게 하면 한쪽 광자가 다른 쪽의 측정 방향을 빛의 속도로도 절대 알 수 없는 상황이 된다. 그래서 아스페 실험은 양자 얽힘이 국소성(locality)을 어긴다는 주장을 더 강하게 뒷받침할 수 있었다.

---

11) 1나노초는 1초의 10억분의 일이다.

다섯 번째 만남
•
양자정보 시대의 개막

양자의 언어로 진리를 묻다 _ 양자세계를 설계한 안톤 차일링거

정교수   이제 양자순간이동을 실험으로 성공시킨 안톤 차일링거 이야기를 해볼게.

안톤 차일링거(Anton Zeilinger, 1945~ , 오스트리아, 2022년 노벨 물리학상 수상)

안톤 차일링거는 1945년, 제2차 세계대전이 막바지로 향하던 시기, 오스트리아 북부의 조용한 도시 리트 임 인크라이스(Ried im Innkreis)에서 태어났다. 그는 어린 시절부터 학문에 대한 깊은 호기심을 품고 성장했다. 전쟁의 상흔이 채 가시지 않은 유럽의 분위기 속에서도, 차일링거는 세계의 이치를 근본에서 이해하고자 하는 철학적 탐구심을 키워나갔다.

1963년, 그는 오스트리아 수도 빈에 위치한 빈 대학(Universität Wien)에 입학하여 물리학을 전공한다. 이곳에서 그는 당대 오스트리아 물리학계의 중진인 헬무트 라우흐(Helmut Rauch) 교수의 지도 아래 연구를 수행하게 된다. 차일링거는 중성자의 스핀 성질에 관심을 가졌고, 박사 과정 동안 단결정(Dy single crystal)을 이용한 중성자 탈분극(neutron depolarization) 현상을 주제로 연구에 몰두했다. 1971년 그는 이 연구를 바탕으로 박사학위를 취득하고, 물리학자로서의 첫걸음을 내디딘다.

빈 대학

1970년대에 접어들며, 안톤 차일링거는 본격적인 연구 활동을 시작한다. 그는 오스트리아 빈 원자력 연구소(Vienna Atominstitut)에서 연구 조교로 일하며 중성자 물리학 분야의 실험적 기초를 다진다. 이 시기의 연구는 그가 박사 과정에서 다룬 중성자 탈분극 현상의 연장선상에 있었다. 이후 그는 오스트리아를 떠나 미국으로 건너간다. 매사추세츠공과대학(MIT)의 중성자 회절 실험실(Neutron Diffraction Laboratory)에서 부연구원(Research Associate)으로

1979년까지 활동한다. 이곳에서 그는 고전적인 결정 구조 분석뿐 아니라, 중성자의 간섭성과 스핀을 다루는 실험을 접하며 양자역학의 실험적 가능성에 매료된다.

1979년 다시 오스트리아로 돌아와 자신이 처음 경력을 시작했던 빈 원자력연구소(Atominstitut)의 조교수직을 수락한다. 같은 해, 그는 빈 공과대학(TU Wien)에서 교수 자격(Habilitation)을 공식적으로 취득하며, 유럽 학계에서 독립된 연구자로서 지위를 갖추게 된다. 이는 그가 향후 교수로서 강의와 연구를 자유롭게 수행할 수 있는 자격을 의미한다.

1981년 그는 다시 MIT로 초청을 받아 물리학부의 부교수(Associate Professor)로 임용된다. 미국과 오스트리아의 학문적 흐름을 넘나들며, 실험물리학의 국제적 감각과 협력의 중요성을 몸소 체험한다. 그는 이 직위를 1983년까지 유지하며, 이후 유럽으로 돌아가 활동의 무대를 다시 넓힌다.

2000년대에 들어서면서, 안톤 차일링거는 실험물리학자를 넘어 국가 과학정책과 세계 양자 연구를 이끄는 과학 리더로 자리매김한다. 그는 과학 제도의 설계자이자 다음 세대의 꿈을 키우는 후견인이 된다.

2004년, 그는 빈에 새로 설립된 '양자 광학 및 양자정보 연구소(Institute for Quantum Optics and Quantum Information, IQOQI)'의 초대 과학 책임자로 취임한다. 이 기관은 오스트리아 과학아카데미(OeAW) 산하의 연구소로, 얽힘, 양자 측정, 정보이론 등을 아우르는 유럽 최고 수준의 양자물리 연구기관으로 빠르게 성장하게 된다. 차일링거는 2013년까지 이 연구소를 이끌며, 수많은 양자 광자 실험 및 위성 양자통신 기획의 중심에 있었다.

2013년, 그는 빈 대학 명예 교수로 추대된다. 이는 그가 오랜 시간 강의와 연구로 쌓아온 학문적 공로에 대한 존경을 담은 상징적 지위였다. 같은 해, 차일링거는 오스트리아 과학아카데미(OeAW)의 회장으로 선출되며, 2022년까지 이 직위를 맡아 오스트리아 과학계 전체의 방향과 비전을 설계하는 역할을 수행한다.

그는 연구 행정 외에도 새로운 과학 교육 모델을 제안하고 실현하는 일에도 열정적이었다. 2006년부터는 오스트리아 과학기술연구소(Institute of Science and Technology Austria, ISTA)의 설립에 기여하며, 이사회 부의장으로서 해당 기관이 세계적인 연구 허브로 성장하는 데 기여한다. ISTA는 미국의 프린스턴, 독일의 막스 플랑크에 견줄 만한 학제적 연구기관으로 평가받고 있으며, 그 배경에는 차일링거의 비전이 있었다.

오스트리아 과학기술연구소

2009년 그는 또 다른 프로젝트를 직접 설계한다. 오스트리아의 트라운키르헨(Traunkirchen)에 '국제 트라운키르헨 아카데미(International Academy Traunkirchen)'를 설립한 것이다. 이 기관은 과학에 재능을 보이는 젊은 학생들을 발굴하고, 연구자와의 만남을 통해 탐구심과 창의력을 고취하는 교육형 커뮤니티를 지향한다. 그는 이곳을 '미래의 파인만을 키우는 학교'로 부르기를 즐겨 했다.

차일링거는 물리학자이면서도 상상력과 유머를 사랑하는 자유로운 사상가였다. 그는 과학소설『은하수를 여행하는 히치하이커를 위한 안내서(The Hitchhiker's Guide to the Galaxy)』의 열렬한 팬이었다. 그 책에 "우주와 삶과 모든 것의 해답은 42"라는 대사가 등장하는데, 차일링거는 자신의 범선에 '42'라는 이름을 붙일 정도로 그 정신을 즐겼다. 이는 그의 과학이 단지 정답을 향한 여정이 아니라, 질문 그 자체를 사랑하는 태도에서 비롯되었음을 보여준다.

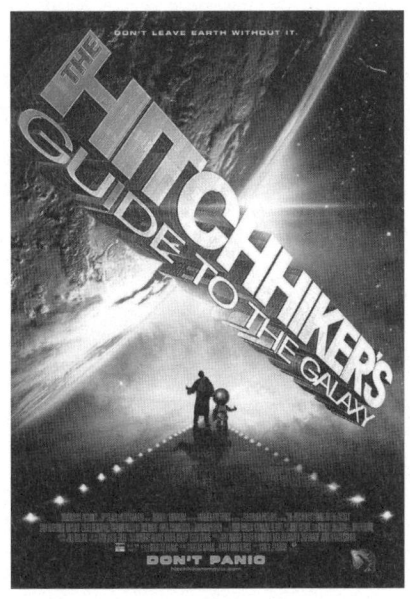

『은하수를 여행하는 히치하이커를 위한 안내서』는 영화화되기도 했다.

과학자로서, 교육자로서, 정책가로서 안톤 차일링거는 빛의 입자보다도 가볍게, 그러나 실험 장치보다도 정밀하게 과학과 사람 사이를 연결해왔다. 그의 여정은 실험의 결과를 넘어서, '과학이란 무엇인가', '진리는 어디에 있는가'라는 물음을 실재의 언어로 풀어낸 탐구의 기록이다. 양자의 세계를 가로지른 그는, 결국 신뢰와 상상력이 중첩된 세계를 설계한 사람으로 기억될 것이다.

순간이동은 가능하다 _ 양자순간이동, 얽힘 스와핑과 미래의 통신

물리군 교수님, '양자순간이동'이 정말 가능한 거예요? 진짜 사람이나 물체가 순간이동하는 그런 건가요?

정교수 아하, 그 질문 많이들 해. 그런데 양자순간이동은 그런 SF 영화 속 순간이동이 아니야. 입자나 사람 자체가 이동하는 게 아니라, '양자상태'만 이동하는 거지.

물리군 양자상태만요? 그게 무슨 뜻이에요?

정교수 예를 들어볼게. 내가 어떤 광자 하나를 가지고 있어. 이 광자는 특정한 편광 상태, 즉 양자정보를 담고 있어. 이걸 멀리 떨어진 다른 광자에게 복사하지 않고 직접 이동시키는 방법이 바로 양자순간이동이야.

물리군 그런데 상태만 보내고 입자는 안 가요?

정교수 맞아. 이게 가능한 이유는 '얽힘(entanglement)' 덕분이지. 먼저, 얽힌 광자 쌍 B와 C를 만들어. 광자 A는 내가 보낼 원래 상태를 가지고 있는 녀석이고, B는 A랑 같은 곳에 있고, C는 멀리 떨어져 있어. 이제 A와 B를 같이 측정해서 양자정보를 '붕괴'시키고, 그 측정 결과를 고전적인 방법(전화나 인터넷)으로 C 쪽에 보내면, C는 그걸 토대로 자기 상태를 A의 상태와 똑같이 바꿀 수 있어.

물리군   우와…, 근데 그게 언제 실현됐어요?

정교수   바로 1997년, 안톤 차일링거 교수가 세계 최초로 이 실험을 성공시켰어.[12] 얽힌 광자를 사용해서 한 입자의 상태를 다른 쪽 입자로 옮기는 실험을 실제로 해낸 거지. 그게 양자순간이동의 첫 실현이야.

물리군   와…, 1997년이면 꽤 오래됐네요?

정교수   그렇지. 차일링거 교수는 그걸로 멈추지 않았어. 그는 이걸 더 발전시켜서, 2007년에 카나리아 제도의 두 섬(라팔마-테네리페) 사이, 무려 144km 거리에서 광자의 순간이동에 성공했단다.

물리군   헉, 144km요? 그건 실험실 수준이 아닌데요?

정교수   맞아. 실제로 대기 중에서 레이저를 쏴서 얽힌 광자를 보낸 실험이었어. 그 실험은 "이제 양자순간이동을 실제 통신이나 위성에 활용할 수 있다"는 가능성을 보여준 거지.

물리군   그러면 그걸로 통신도 가능한가요?

정교수   아주 중요한 질문이야. 양자암호 통신 기술에서 양자순간이동 기술이 핵심적으로 쓰이게 돼. 그리고 더 나아가서는 양자컴퓨터 내에서 큐비트 간 게이트를 구현하는 방식에도 응용돼.

물리군   그럼 양자순간이동은 그냥 신기한 게 아니라 실제로 '양자 기술의 인프라' 같은 거네요?

정교수   정확해. 차일링거 교수의 실험은 단순한 광자 실험이 아니

---

12) Bouwmeester, Dik; Pan, Jian-Wei; Mattle, Klaus; Eibl, Manfred; Weinfurter, Harald; Zeilinger, Anton, "Experimental quantum teleportation", Nature. 390 (6660): pp. 575–579. (1997).

라, 양자정보 시대의 문을 연 실험이었단다. 그는 결국 얽힘을 이용해 세계를 연결하는 방법을 실험으로 보여준 사람이야.

물리군 와…, 차일링거 교수 진짜 멋있네요.

정교수 이제 '얽힘 스와핑(Entanglement Swapping)'에 대해 이야기해줄게.

물리군 어떤 뜻이죠?

정교수 말 그대로 얽힘상태 자체를 다른 두 입자에 넘겨주는 순간이동이라고 보면 돼.

물리군 상태가 아니라 얽힌 관계 자체가 옮겨진다고요?

정교수 그래. 예를 들어보자. 광자 A와 B가 얽혀 있고, 광자 C와 D도 각각 얽혀 있어. 그런데 B와 C를 측정기에서 함께 연산해주면, A와 D가 전혀 만나지 않았는데도 마치 얽혀 있었던 것처럼 얽힘 관계가 생겨나는 거야. 이게 바로 얽힘 스와핑이야. 얽힘이라는 인과적 연관을 간접적으로 전이시키는 방식이지.

물리군 우와…, 그게 정말 가능한가요?

정교수 가능하지. 1998년, 안톤 차일링거 교수의 연구팀이 이걸 세계 최초로 실험으로 구현했단다.

물리군 1998년이면 양자순간이동 실험한 지 1년 뒤네요?

정교수 맞아. 얽힘 스와핑은 양자순간이동보다도 조금 더 개념적으로 까다롭지만 원리는 비슷해. 그리고 차일링거 교수는 이 얽힘 스와핑을 더 발전시켜서, 측정이 나중에 결정되도록 '지연 선택(delayed-choice)' 실험까지 했단다.

물리군 측정이 나중에 결정된다고요? 그럼 얽힘이 생긴 시점보다 뒤에 그 운명이 정해지는 거예요?

정교수 정확히 이해했구나. '얽힐까 말까'가 측정자에 의해 나중에 정해지는 양자 세계의 이상한 성질을 시험한 거지. 이 실험은 시간과 인과성에 대한 양자역학적 도전이기도 해.

물리군 그런데 교수님, 얽힌 상태는 보통 두 입자 사이의 이야기잖아요. 혹시 세 개 이상 입자도 얽힐 수 있나요?

정교수 물론이지. 그걸 처음 이론적으로 정리한 것도 차일링거와 그의 동료들이야. 1990년에 그는 다니엘 그린버거(Daniel Greenberger), 마이클 혼(Michael Horne)과 함께 GHZ 상태라는 걸 제안했지. GHZ는 셋의 이름 앞글자를 따온 거야.

물리군 GHZ 상태는 어떤 상태예요?

정교수 한마디로 말하자면, 세 입자 이상이 서로 동시에 얽혀 있는 상태야. 하나를 측정하면 나머지 둘의 상태가 즉시 결정돼. 게다가 이 상태는 벨 부등식보다 더 강하게, 양자역학이 국소 현실주의와 모순된다는 걸 보여주는 수학적 예가 돼.

물리군 국소 현실주의라면 멀리 떨어진 입자는 서로 영향을 줄 수 없어야 한다는 말이죠?

정교수 그렇지. 그런데 GHZ 상태를 이용하면 "이건 물리적 설명으로는 불가능하다"는 게 수학적으로 아주 깔끔하게 드러나. 그래서 GHZ 정리는 양자역학의 가장 근본적인 실험적 도전 중 하나야.

물리군 그럼 그 세 입자가 얽힌 상태를 실험으로도 확인했어요?

정교수 물론이지. 1999년, 차일링거 교수는 GHZ 상태의 실험적 생성과 검출에 성공했어. 그리고 그걸 이용해서 세 입자 간 얽힘의 비국소성을 직접 테스트하는 실험도 해냈지.

물리군 진짜 멋져요. 두 입자 얽힘도 신기한데, 세 입자 이상이 얽힌다는 건 양자 얽힘의 차원이 확장된다는 느낌이에요.

정교수 잘 봤구나. 차일링거는 이렇게 두 입자를 넘어선 양자 얽힘의 세계, 즉 다체 얽힘(multibody entanglement)의 선구자였어. 이후 그의 연구는 4입자, 6입자 얽힘, 그리고 양자컴퓨터의 기본 구조인 큐비트 게이트 연결 실험으로도 이어졌단다.

물리군 그럼 결국 차일링거 교수는 양자 얽힘이 얼마나 멀리 갈 수 있는지, 얼마나 많은 입자가 공유할 수 있는지를 실험으로 계속 넓혀 온 셈이네요?

정교수 그렇단다. 그의 실험은 양자정보 이론을 단순한 수학에서 현실로 바꾸었고, 우리가 사는 이 세계가 단절된 조각이 아니라 얽힌 전체일지도 모른다는 철학적 질문까지 가능하게 했지.

물리군 오늘 수업 듣고 나니까 양자 얽힘이 단지 신기한 현상이 아니라 정보와 존재의 본질을 다루는 도구라는 게 느껴졌어요.

정교수 아주 훌륭한 통찰이야. 그리고 그런 생각을 실험으로 증명해 낸 사람이 바로 안톤 차일링거라는 것도 기억해두렴.

양자 얽힘의 스위치, CNOT 게이트 _제어 비트, 타깃 비트와 양자 논리

정교수 이제 $CNOT$게이트에 대해 알아야 해.

물리군 새로운 게이트네요.

정교수 $CNOT$게이트는 'controlled NOT 게이트'의 줄임말로 '제어 NOT 게이트'라고도 불러. 이 게이트는 양자컴퓨터 구성에 필수적인 양자 논리게이트이지. 이 게이트는 어떤 양자상태를 얽히게 하는 데 사용할 수 있어.

다음과 같은 상태를 생각하자.

$$|ij>=|i>\otimes|j>$$

여기서 i는 컨트롤 비트이고 j는 타깃 비트이다. 컨트롤 비트는 스위치와 같은 역할을 하는데, 이 비트가 0이면 j에 대해 NOT를 시행 안 하고 이 비트가 1이면 j에 대해 NOT를 시행하지. 그러니까 $CNOT$ 게이트를 U_C라고 하면

$$U_C|00>=|00>$$

$$U_C|01>=|01>$$

이다. 즉, 스위치가 꺼져 있으니까 NOT가 시행되지 않는다. 이번에는 스위치가 켜진 경우를 보자. 이 경우는 다음과 같다.

$U_C |10>=|11>$

$U_C |11>=|10>$

즉, 스위치가 켜져 있으니까 NOT가 시행된다. 이것을 일반적으로 나타내면

$U_C |i,j>=|i, j\oplus i>$

이 된다. 여기서 $|ij>$와 $|i,j>$는 같은 표현이다.

즉 $|0,0>=|00>=|0>\otimes|0>$를 나타낸다.

특별한 경우로

$U_C |i,0>=|i,i>$

이 성립한다.

U_C를 행렬로 나타내면

$$U_C = \begin{pmatrix} 1 & 0 & 0 & 0 \\ 0 & 1 & 0 & 0 \\ 0 & 0 & 0 & 1 \\ 0 & 0 & 1 & 0 \end{pmatrix}$$

이 되고, 이 행렬은 다음 성질을 만족한다.

$$U_C^\dagger = U_C$$

$$U_C^2 = I$$

이것은 다음과 같이 간단하게 증명할 수 있다.

$$U_C^2 | i, j >$$

$$= U_C U_C | i, j >$$

$$= U_C | i, j \oplus i >$$

$$= | i, (j \oplus i) \oplus i >$$

여기서

$$(j \oplus i) \oplus i = j \oplus (i \oplus i) = j \oplus 0 = j$$

이므로

$$U_C^2 | i, j > = | i, j >$$

이 된다.

한편, U_C는 다음과 같이 나타낼 수 있다.

$$U_C = |0><0| \otimes I + |1><1| \otimes X$$

그러므로 다음과 같은 성질을 얻을 수 있다.

$$(X \otimes X)U_C = U_C(X \otimes I) \tag{5-4-1}$$

$$(X \otimes I)U_C = U_C(X \otimes X) \tag{5-4-2}$$

$$(I \otimes X)U_C = U_C(I \otimes X) \tag{5-4-3}$$

$$(Z \otimes Z)U_C = U_C(I \otimes Z) \tag{5-4-4}$$

$$(I \otimes Z)U_C = U_C(Z \otimes Z) \tag{5-4-5}$$

$$(Z \otimes I)U_C = U_C(Z \otimes I) \tag{5-4-6}$$

식(5-4-1)만 증명해보자.

$(X \otimes X)U_C |i, j>$

$= (X \otimes X) |i, j \oplus i>$

$= |i \oplus 1, j \oplus i \oplus 1>$

이고

$$U_C(X \otimes I) \mid i, j >$$

$$= U_C \mid i \oplus 1, j >$$

$$= \mid i \oplus 1, j \oplus i \oplus 1 >$$

이므로, 식(5-4-1)이 성립한다.

얽힘은 어떻게 생기는가 _ 아다마르 게이트와 양자 얽힘의 원리

정교수   이제 $CNOT$ 게이트와 얽힘과의 관계를 알아볼게. 먼저 첫 번째 큐비트를

$$\mid \psi_1 >= \mid 0 >$$

로 선택해. 이 큐비트에 대해, 아다마르 게이트를 통과시킨 후의 큐비트를 $\mid \psi_1' >$ 이라고 하면

$$\mid \psi_1' >= H \mid \psi_1 >= \frac{1}{\sqrt{2}}(\mid 0 >+\mid 1 >)$$

이 된다. 이제 두 번째 큐비트를

$$\mid \psi_2 >= \mid 0 >$$

로 택하자. 그리고 $|\psi_1'>$과 $|\psi_2>$의 텐서곱을 생각하면

$$|\psi_1'>\otimes|\psi_2>$$

$$=\frac{1}{\sqrt{2}}(|00>+|10>)$$

$$=\frac{1}{\sqrt{2}}(|0>+|1>)\otimes|0>$$

$$=\frac{1}{\sqrt{2}}\begin{pmatrix}1\\0\\1\\0\end{pmatrix}$$

이므로 이 상태는 얽혀 있지 않다. 이제 $|\psi_1'>\otimes|\psi_2>$를 $CNOT$ 게이트 통과시킨 상태를 $|\Psi>$라고 하면

$$|\Psi>=U_C(|\psi_1'>\otimes|\psi_2>)$$

$$=\frac{1}{\sqrt{2}}(|00>+|11>)$$

$$=\frac{1}{\sqrt{2}}\begin{pmatrix}1\\0\\0\\1\end{pmatrix}$$

이 되어 이 상태는 얽혀 있는 상태가 된다.

이제 2번 큐비트에서 0을 측정하는 측정을 M이라고 하면

$$M = (I)_1 \otimes (M_0)_2$$

$$= \begin{pmatrix} 1 & 0 \\ 0 & 1 \end{pmatrix} \otimes \begin{pmatrix} 1 & 0 \\ 0 & 1 \end{pmatrix}$$

$$= \begin{pmatrix} 1 & 0 & 0 & 0 \\ 0 & 0 & 0 & 0 \\ 0 & 0 & 1 & 0 \\ 0 & 0 & 0 & 0 \end{pmatrix}$$

이다. 맨 처음 두 번째 큐비트는 $|0>$에 있었으므로 이때 두 번째 큐비트에서 0을 찾을 확률은 1이다.

이제 $|\psi_1'> \otimes |\psi_2>$에서 두 번째 큐비트가 0일 확률을 찾아보자. $|\psi_1'> \otimes |\psi_2>$에 측정 M을 작용한 상태를 $|\Phi>$라 하면

$$|\Phi> = M(|\psi_1'> \otimes |\psi_2>) = \frac{1}{\sqrt{2}} \begin{pmatrix} 1 \\ 0 \\ 1 \\ 0 \end{pmatrix}$$

이 된다. 그러므로 $|\psi_1'> \otimes |\psi_2>$에서 두 번째 큐비트가 0일 확률은

$$<\Phi|\Phi> = 1$$

이 되어 확률이 달라지지 않는다. 이것은 얽힘이 안 생겼기 때문이다.

이제 $CNOT$게이트 통과시킨 상태 $|\Psi>$에서 측정 M을 작용한 상태를 $|\Omega>$라 하면

$$|\Omega>=M|\Psi>=\frac{1}{\sqrt{2}}\begin{pmatrix}1\\0\\0\\0\end{pmatrix}$$

가 된다. 그러므로 $CNOT$게이트 통과시킨 상태 $|\Psi>$에서 두 번째 큐비트가 0일 확률은

$$<\Omega|\Omega>=\frac{1}{2}$$

이 되어 확률이 달라진다. 이것은 얽힘이 생겼기 때문이다.

보낼 수 없는 것을 보내는 법 _ CNOT와 얽힘이 만들어낸 양자순간이동

정교수 이제 양자순간이동 이론을 간단하게 설명해줄게. 앨리스는 두 개의 큐비트를 가지고 있고 밥은 한 개의 큐비트를 가지고 있는 경우를 생각해봐. 앨리스가 가진 첫 번째 큐비트는

$$|\psi>=a|0>+b|1>$$

이고 앨리스의 두 번째 큐비트와 밥의 큐비트는 다음과 같이 얽힘상

태라고 해봐.

$$\frac{1}{\sqrt{2}}(|00>+|11>)$$

즉, 앨리스의 두 번째 비트가 0이면 밥의 비트도 0이고 앨리스의 두 번째 비트가 1이면 밥의 비트는 1이라는 관계를 통해 얽혀 있지.

이때 세 개의 큐비트에 의한 상태는

$$|\psi>=(a|0>+b|1>)\otimes\frac{1}{\sqrt{2}}(|00>+|11>)$$

$$=\frac{1}{\sqrt{2}}(a|000>+a|011>+b|100>+b|111>)$$

이다. 이제 앨리스가 자신이 가지고 있는 두 큐비트에 대해 $CNOT$게이트를 통과시키면 상태 $|\psi_1>$는 상태 $|\psi_2>$으로 다음과 같이 바뀐다.

$$|\psi_1>=\frac{1}{\sqrt{2}}(a|000>+a|011>+b|110>+b|101>)$$

$$=\frac{1}{\sqrt{2}}[a|0>(|00>+|11>)+b|1>(|10>+|01>)]$$

이제 앨리스가 1번 큐비트에 대해 아다마르 게이트를 통과시키면서 상태 $|\psi_1>$은 상태 $|\psi_2>$로 다음과 같이 바뀐다.

$|\psi_2>$

$$= \frac{1}{\sqrt{2}}\left[\frac{a}{\sqrt{2}}(|0>+|1>)(|00>+|11>) + \frac{b}{\sqrt{2}}(|0>-|1>)(|10>+|01>)\right]$$

텐서곱의 성질을 이용하면

$|\psi_2>$

$$= \frac{1}{2}\left[|00>\otimes\begin{pmatrix}a\\b\end{pmatrix} + |01>\otimes\begin{pmatrix}b\\a\end{pmatrix} + |10>\otimes\begin{pmatrix}a\\-b\end{pmatrix} + |11>\otimes\begin{pmatrix}-b\\a\end{pmatrix}\right]$$

$$= \frac{1}{2}\left[|00>\otimes\begin{pmatrix}a\\b\end{pmatrix} + |01>\otimes X\begin{pmatrix}a\\b\end{pmatrix} + |10>\otimes Z\begin{pmatrix}a\\b\end{pmatrix} + |11>\otimes XZ\begin{pmatrix}a\\b\end{pmatrix}\right]$$

$$= \frac{1}{2}[|00>\otimes|\psi> + |01>\otimes X|\psi> + |10>\otimes Z|\psi> + |11>\otimes XZ|\psi>]$$

이 된다. 따라서 앨리스가 00을 측정하면 밥의 상태는 $|\psi>$가 되고, 앨리스가 01을 측정하면 밥의 상태는 $X|\psi>$가 되고, 앨리스가 10를 측정하면 밥의 상태는 $Z|\psi>$가 되고, 앨리스가 11을 측정하면 밥의 상태는 $XZ|\psi>$가 된다. 즉 앨리스의 측정에 따라 밥의 상태가 변한다. 이것은 놀랍게도 앨리스와 밥이 아무리 멀리 떨어져 있어도 성립해야 한다.

이게 왜 놀라운가? 측정 결과가 나오는 순간, 물리적으로 분리된 밥의 큐비트 상태가 즉시 결정된다는 점에서 이것은 '양자 얽힘의 비국소성(nonlocality)'을 명백히 보여준다. 하지만 이 과정에서 정보가 빛보다 빠르게 전송되는 것은 아니다. 왜냐하면 밥이 상태를 제대로 복원하려면, 고전적인 정보를 받아야 하기 때문이다.

양자순간이동은 이렇게 요약할 수 있다.

"얽힘은 양자상태를 전송할 준비를 해주고, 고전 정보는 전송된 상태를 해독할 열쇠를 제공한다."

이 현상은 "정보는 공간의 제약을 받지 않는다"는 새로운 관점을 보여준다. 정보의 본질은 "물체가 어디 있는가"가 아니라, "무엇을 표현하는가"에 더 가까워진다.

암호의 진화 _ 고대 암호부터 양자암호까지, 정보보안 2,500년의 여정

물리군 교수님, 암호는 컴퓨터 시대에 생긴 기술인가요?

정교수 그렇게 생각하기 쉽지. 하지만 암호는 인류가 글자를 쓰기 시작하면서부터 함께한 오래된 친구란다.

물리군 정말요? 어떤 방식으로요?

정교수 기원전 5세기, 고대 스파르타 전사들은 스키탈레를 이용한 암호를 사용했어.

물리군 아, 지금으로 치면 문자 순서를 바꾸는 암호네요?

정교수 맞아. 그것을 '전치 암호(transposition cipher)'라고 하지. 그리고 로마의 카이사르 황제는 '치환 암호(substitution cipher)'를 썼단다. 예를 들어, 'A'를 'D'로 바꾸는 식이지. 이걸 '시저 암호(Caesar

Cipher)'라고 해.

시저 암호

물리군 그렇게 단순한 암호라면 금방 풀렸겠어요.

정교수 바로 그 지점을 파고든 사람이 있었단다. 9세기의 아라비아 학자 알 킨디는 '빈도 분석'이란 방법을 개발했지. 가장 자주 등장하는 알파벳을 분석해서 암호를 해독하는 기법이야.

물리군 와, 해독을 위한 과학도 발달했네요.

정교수 그렇지. 암호는 항상 숨기려는 자와 풀려는 자의 게임이었거든. 르네상스 시대에는 프랑스의 비제네르가 다중 치환 암호를 제안했는데, 그건 해독이 훨씬 어려웠단다.

물리군 전쟁에서도 암호가 쓰였겠죠?

정교수 그럼. 제1차 세계대전의 짐머만 전보는 미국의 참전 계기를 만들었고, 제2차 세계대전에서는 독일의 이니그마 암호기가 결정적이었지.

물리군 이니그마는 컴퓨터로 풀었다는 이야기, 들은 적 있어요.

정교수 정확히 말하면 앨런 튜링과 그의 동료들이 해독을 위한 기계를 만들었고, 그것이 현대 컴퓨터의 시초가 되었단다. 암호를 깨려다 컴퓨터가 태어난 셈이지.

컴퓨터는 암호를 깨려다 태어났다.

물리군 그럼 지금 우리가 쓰는 인터넷 암호는 어떤 건가요?

정교수 요즘은 '공개키 암호(public key cryptography)'가 주로 쓰이는데, 대표적으로는 RSA가 있어. 큰 수를 소인수분해하는 게 매우 어렵다는 수학적 성질에 기반을 두고 있지.

물리군 그럼 수학이 강해야 암호를 설계할 수 있는 거네요?

정교수 그렇단다. 현대 암호학은 수학과 컴퓨터 과학의 정점이지. 덕분에 우리는 인터넷 뱅킹, 전자서명, 블록체인까지 안전하게 쓸 수 있는 거란다.

물리군 교수님, 요즘 뉴스에서 양자암호 얘기가 많이 나와요. 근데

이게 도대체 언제부터 나온 개념인가요? 최근 기술 아닌가요?

정교수 좋은 질문이야. 사실 양자암호의 뿌리는 꽤 오래전, 1968년으로 거슬러 올라가. 한 젊은 물리학자 스티븐 와이즈너가 박사 과정 시절에 흥미로운 아이디어를 제안했거든.

스티븐 와이즈너(Stephen J. Wiesner, 1942~2021, 미국-이스라엘)

물리군 그때 이미 양자컴퓨터가 있었나요?

정교수 아니지. 컴퓨터는 간신히 비트 단위로 계산하던 시절이고, 양자역학은 물리학자들의 전유물에 가까웠어. 그런데 이 와이즈너라는 청년은 '양자상태는 복제할 수 없다'는 원리를 바탕으로 복제 불가능한 지폐, 즉 '양자화폐(quantum money)'를 제안했어.

물리군 복제 불가능한 지폐요? 요즘 위조지폐 문제랑도 비슷한 개념이네요?

정교수 맞아. 와이즈너는 양자 입자의 스핀이나 편광 같은 성질을 이용하면, 한번 측정하면 상태가 바뀌니까 복제가 불가능하다고 본 거야. 그 아이디어가 바로 오늘날 양자 복제 불가능성 정리(no-cloning theorem)의 선구적인 직관이 된 셈이지.

물리군 와, 근데 그게 출판됐나요?

정교수 그게 문제였어. 당시엔 너무 앞선 개념이라서, 그의 논문은 거절당했어. 학자들도 "이게 암호학이랑 무슨 상관이야?" 하며 잘 이해하지 못했지.

물리군 안타깝네요. 그런데 어떻게 지금 우리가 이 얘기를 알고 있는 거예요?

정교수 그 와이즈너의 아이디어가 사라질 뻔했지만 운명적인 연결이 있었지. 그는 친구에게 이 개념을 이야기했어. 그 친구가 누구였을까?

물리군 혹시… 찰스 베넷?

정교수 그렇지! 찰스 베넷. 그리고 그 친구는 다시 질 브라사르(Gilles Brassard)라는 컴퓨터과학자와 힘을 합쳐서, 양자의 특성을 암호 키 분배에 적용하는 방법을 구체화해. 이게 바로 1984년에 발표된 BB84 프로토콜의 전신이야.

물리군 '프로토콜'이 정확히 뭐예요?

정교수 간단히 말하면, 정보를 주고받을 때 지켜야 할 약속이나 절차야.

물리군 약속이요?

정교수 그렇지. 예를 들어, 네가 친구한테 편지를 쓸 때는 먼저 인사 쓰고, 할 말 쓰고, 마지막에 이름 쓰고 끝내잖아? 그 순서를 바꾸면 헷갈릴 수 있지? 이게 바로 의사소통의 규칙이야. 컴퓨터나 통신에서도 마찬가지야. 정보를 어떻게 보내고 받을지, 어떤 순서로 어떤 암호화 방식으로 처리할지를 정해놓은 것, 그게 프로토콜이야.

물리군   교수님, 아까 말씀하신 베넷과 브라사르가 만든 BB84 프로토콜, 그게 실제로 실험된 건 언제예요?

정교수   1984년에 아이디어를 논문으로 발표했고, 1989년에 처음으로 실험적인 구현을 했어. 그 실험은 IBM의 찰스 베넷과 몬트리올 대학의 질 브라사르, 그리고 물리학자 존 스마돌라(John Smolin), 그렉 브레이스(Gregory Brassard)와 함께했지.

물리군   어떤 실험이었어요?

정교수   30cm짜리 광섬유를 통해 편광된 광자를 주고받는 양자 키 분배 실험이었어. 요즘 기준으로 보면 너무 짧지? 하지만 당시로써는 혁명적이었지.

물리군   30cm짜리 실험이었는데, 어떻게 혁명적이에요?

정교수   '빛의 입자 하나하나에 정보를 담고, 그걸 상대방이 몰래 엿보지 않게 전달할 수 있다'는 걸 실험적으로 증명한 첫 순간이었거든. 몰래 엿보면 양자상태가 깨지니까 누가 엿들었는지 탐지까지 가능했지.

물리군   그럼 이건… 절대 깨지지 않는 암호가 되는 건가요?

정교수   이론상으로는 맞아. 양자역학의 기본 원리를 이용해 보안이 보장되는 방식이기 때문이야. 이를 우리는 '정보이론적으로 안전(information-theoretically secure)'하다고 부르지.

찰스 베넷(Charles Bennett, 1943~ , 미국)

질 브라사르(Gilles Brassard, 1955~ , 캐나다)

물리군 그러니까 와이즈너가 양자암호의 철학적 씨앗을 심고, 베넷과 브라사르가 자라게 한 거네요!

정교수 정확해. 1968~70년대의 조용한 상상력 하나가, 결국 21세기 통신 보안의 패러다임을 바꾼 셈이지.

물리군 그럼 양자암호는 90년대에 본격적으로 쓰였나요?

정교수 그렇지는 않아. 1990년대는 '연구와 시도'의 시대였지. 광학 기술이 아직 부족했거든. 하지만 큰 사건이 있었어. 1992년, 베넷과 브라사르는 "우리가 BB84로 보낸 키가 해킹되지 않았는지 어떻게 확인하지?"라는 고민을 했어.

물리군 해킹이 됐는지 안 됐는지 알 수 있나요?

정교수 바로 그 질문에서 나온 게 '양자비트 오류율(QBER)'이라는 개념이야. 우리가 전송한 키 중 일부를 샘플로 비교해보고, 오류율이 높으면 누군가 엿본 흔적이 있다는 걸 알 수 있어. 이게 양자암호시스템의 탐지 기능의 핵심이야.

물리군 근데 교수님, 그땐 인터넷도 막 시작되던 시기인데… 상용화는 멀었겠네요?

정교수 정확히 봤어. 1995~1999년 사이엔 NEC, IBM, BT(영국 통신사) 같은 대기업이 랩 차원에서 데모 시스템을 만들었지만, 아직 현실과는 거리가 있었지.

물리군 본격적으로 쓴 건 언제예요?

정교수 2003년. 스위스의 'ID Quantique'라는 스타트업이 세계 최초로 상업용 양자암호 장비를 출시했지. 이 장비는 은행 간 통신, 선거 전자보안 시스템 등에 사용됐어.

물리군 오, 그럼 그때부터 기업들도 관심을 가졌겠네요?

정교수 맞아. 특히 2007년 도쿄, 2008년 베이징 올림픽, 2010년 상하이 엑스포 같은 국제 이벤트에서 양자암호 네트워크가 실제로 사용됐지.

물리군   교수님, 그럼 지금은 얼마나 멀리 보낼 수 있어요?

정교수   이제는 위성을 통해 지구 반대편까지 키를 보낼 수 있어. 2016년, 중국은 '모쯔(Micius)'라는 양자통신 위성을 쏘아 올렸고, 2017년에는 오스트리아의 제일링거 팀과 공동으로 상하이-빈 간 양자키 분배를 성공시켰어. 무려 7,600km 거리였지.

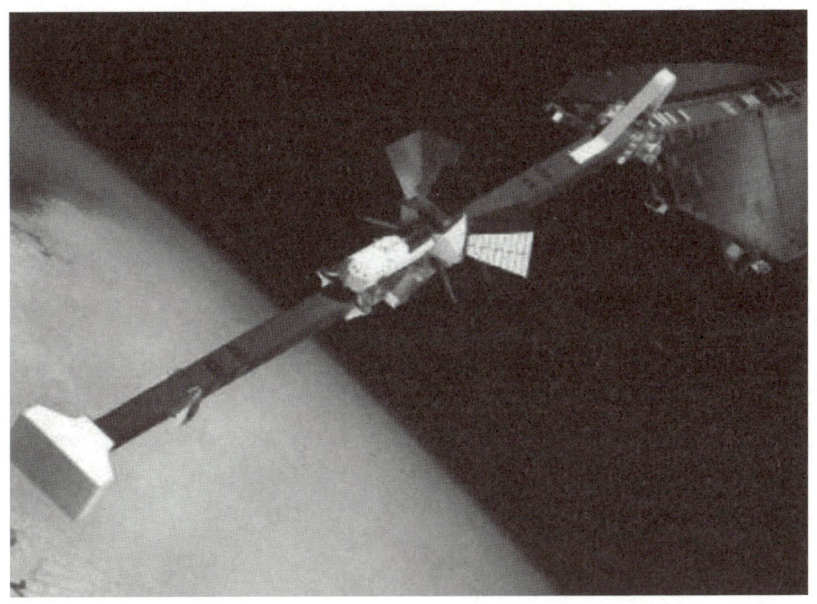

양자통신 위성

물리군   대박! 정말로 암호의 세계가 우주로 나아간 거네요.

정교수   응. 양자암호는 더 이상 실험실의 이론이 아니야. 이젠 국가안보, 금융, 국제 통신에 실제로 쓰이는 현실 기술이야.

뚫리는 암호, 감지하는 센서 _ 양자보안과 초정밀 감지 시스템

물리군   교수님, 요즘 '양자보안'이 중요하다고 하던데, 양자컴퓨터랑 무슨 관계가 있는 거예요?

정교수   좋은 질문이야. 양자보안은 크게 두 가지 흐름으로 나뉘지. 양자컴퓨터 때문에 생긴 위협에 대응하는 보안과 양자역학의 원리를 이용한 새로운 보안.

물리군   양자컴퓨터 때문에 고전 암호가 위험해진다는 말은 무슨 뜻이에요?

정교수   지금 우리가 쓰는 암호 방식—예를 들어 RSA, ECC—는 소인수분해나 이산로그 계산이 너무 어려워서 안전하다고 여겨졌어. 그런데 양자컴퓨터는 이걸 빠르게 풀 수 있지.

물리군   오! 그럼 양자컴퓨터가 실현되면 이메일, 금융, SNS 다 뚫리는 거예요?

정교수   맞아. 그래서 '포스트 양자암호(Post-Quantum Cryptography)'가 필요해졌지. 이건 양자컴퓨터가 있어도 풀 수 없는 구조로 만든 새로운 고전 암호를 말해.

물리군   양자 자체를 이용한 보안도 있다고요?

정교수   그렇지! 대표적인 게 BB84 프로토콜이야. 양자상태, 예를 들어 편광된 광자를 이용해서 암호화에 필요한 '비밀키'를 절대 안전하게 주고받는 기술이지.

물리군   왜 안전해요?

정교수 양자역학의 특성 때문이야. 측정하면 상태가 바뀌는 성질과 양자상태의 복제 불가능성 때문이야. 즉, 누가 몰래 엿들으면 반드시 흔적이 남고, 우리는 감지해서 통신을 중단하면 돼.

물리군 이론적으로는 멋진데, 실제로 가능해요?

정교수 이미 상용화가 시작됐어. 중국은 위성을 이용한 QKD를 성공했고, 한국도 양자암호 네트워크 시범 구축을 했지. 스위스의 ID Quantique은 양자암호 전화기를 실제로 판매 중이야.

물리군 결국 두 가지 다 준비해둬야겠네요?

정교수 정답이야! 그래서 요즘 보안업계에선 양자-내성 암호(Post-Quantum Crypto)와 양자 키 분배(QKD)를 함께 고려하고 있어.

물리군 또 요즘 '양자센서(Quantum Sensor)'라는 말도 많이 듣는데요, 양자센서가 뭔가요? 스마트워치에 들어가는 센서 같은 건가요?

정교수 비슷한 점도 있고, 아주 다른 점도 있어. 스마트워치의 센서는 고전 센서야. 하지만 양자센서는 양자역학의 특성을 이용해서 극도로 미세한 변화까지 감지하는 장치란다.

스마트워치

물리군 예를 들면요?

정교수 첫 번째 예는 중력측정기야. 중력측정기는 아주 미세한 지하 구조나 지하수의 변화까지 감지 가능해. 그리고 지하에 동굴이 있는지, 고대 유적이 있는지까지 알 수 있지. 두 번째 예는 뇌파 측정이야. 뇌 안에서 일어나는 자성 신호(자기장)를 측정해서, 치매 조기 진단이나 비침습적 뇌 스캔이 가능해. 세 번째 예는 항법장치야. GPS 신호가 끊긴 잠수함 속에서도 위치와 속도를 정확히 추적할 수 있어. 양자센서는 자체적으로 중력과 회전을 감지해 자기만의 내비게이션을 갖춘 거야.

물리군 와, 일반 센서로는 할 수 없는 걸 양자센서는 해내네요! 어떻게 그런 일이 가능하죠?

양자센서

정교수 좋은 질문이야. 양자상태는 아주 예민해서, 작은 자극에도 영향을 받아 그래서 작은 변화도 감지할 수 있지. 그리고 양자 입자들이 얽혀 있으면, 하나만 측정해도 전체 정보를 알 수 있어서 더 정밀

하고 빠른 감지가 가능해.

물리군 '예민함'과 '연결성'이 뛰어나니까 작은 신호도 놓치지 않는 거군요?

정교수 정확해! 이걸 잘 이용하면 기존 센서보다 수십에서 수백 배 더 민감한 장비가 되는 거지.

물리군 실제로 어떤 기술이 쓰이나요?

정교수 냉각된 원자를 간섭시켜 중력 가속도 측정하는 원자 간섭계, 아주 미세한 자기장 감지하는 초전도 센서(SQUID), 다이아몬드 속 질소-공공 결함으로 나노 수준 자기장을 감지하는 NV 센서 등에 쓰여.

물리군 질소-공공 결함이 뭐죠?

정교수 다이아몬드 안에 질소 원자가 들어가고, 그 옆에 탄소 하나가 빠져나가는 걸 말해. 이게 양자상태를 오래 유지하면서 작은 자기장이나 전기장을 측정할 수 있게 해주지. 그래서 뇌파를 아주 미세하게 감지하거나, 살아 있는 세포 안의 나노 자기장 분포를 볼 수 있지. 심지어 단일 분자 자기장 측정도 가능해!

NV 센서

여섯 번째 만남

양자알고리즘과 양자컴퓨터

양자알고리즘의 탄생 _ 현실의 구조를 바꾼 도이치 - 요자 이론과 실험

물리군 교수님, 요즘 AI도 알고리즘으로 돌아간다고 하던데, '알고리즘'이 정확히 뭐예요?

정교수 좋은 질문이야. 알고리즘은 어떤 문제를 해결하기 위한 절차나 규칙의 집합이야. 예를 들어, 라면 끓이는 방법도 알고리즘이지.

물리군 라면이요?

정교수 그렇지. 물을 끓이고 면을 넣고 스프를 넣고 4분간 끓인다. 이게 바로 정해진 순서대로 문제를 푸는 '절차'야. 알고리즘이란 게 다 그렇지.

물리군 그렇군요.

정교수 컴퓨터도 마찬가지야. 입력을 받고, 계산하고, 출력을 내는 절차를 따라 문제를 풀지. 이게 우리가 흔히 말하는 고전 알고리즘이야.

물리군 그럼 계산이 빠를수록 좋은 알고리즘이에요?

정교수 맞아. 어떤 알고리즘은 1초 만에 풀고, 어떤 건 100년이 걸리지. 그래서 컴퓨터과학자들은 더 빠르고 효율적인 알고리즘을 찾으려 애쓰는 거야.

물리군 요즘 뉴스에서 보니까 양자알고리즘이라는 말이 나오던데요. 그건 뭐예요? 그냥 더 빠른 알고리즘이에요?

정교수 단순히 빠르기만 한 게 아니야. 양자알고리즘은 기계 자체가 다른 원리로 계산하는 거야.

물리군 다르다니요?

정교수 고전 컴퓨터는 0 아니면 1을 사용하는 비트(bit)로 계산하지만, 양자컴퓨터는 큐비트로 계산하지. 큐비트는 0과 1이 동시에 존재할 수 있는 중첩상태야. 그러니까 여러 경우를 동시에 따져보는 문제에선 양자알고리즘이 훨씬 빠를 수 있어.

정교수 최초의 양자알고리즘은 도이치가 발견한 도이치 알고리즘[13]이고 이를 확장한 두 번째 알고리즘은 도이치와 요자에 의해 만들어지지. 먼저 도이치에 대해 소개할게.

데이비드 엘리에제르 도이치(David Elieser Deutsch, 1953~ , 이스라엘)

도이치는 이스라엘 하이파의 유대인 가정에서 오스카와 티크바 도이치의 아들로 태어났다. 얼마 지나지 않아 도이치 가족은 영국 런던 크리클우드로 이주했다. 그곳은 유대인 이민자들이 모여 사는 거리

---

13) Deutsch, David, "Quantum theory, the Church-Turing principle and the universal quantum computer", Proceedings of the Royal Society of London; Series A, Mathematical and Physical Sciences 400, pp. 97-117 (1985).

이자, 그의 부모가 운영하던 '알마 레스토랑'이 있던 곳이었다. 레스토랑에서는 따뜻한 유대식 수프가 끓었고, 그 맞은편 학교에서는 도이치가 조용히 숫자와 싸우고 있었다. 그가 다닌 곳은 제네바 하우스 학교였다. 조금 자란 그는 하이게이트에 있는 윌리엄 엘리스 학교로 진학했다. 그곳에서 그는 또래보다 한 발짝 앞서 있었다.

그는 케임브리지 클레어 칼리지에서 자연과학을 공부하고 이론물리학 박사학위를 받기 위해 옥스퍼드 울프슨 칼리지로 진학했다. 그의 관심은 우주와 시간, 그리고 그것들이 휘어 있는 경우였다. '곡선 시공간에서의 양자장 이론', 즉 중력과 양자역학이 충돌하는 영역, 그곳에 현실의 균열이 있다고 믿었다.

옥스퍼드 울프슨 칼리지

1985년, 옥스퍼드의 한 연구실. 데이비드 도이치는 한 편의 논문을 통해 현대 계산 이론의 경계를 밀어냈다. 그는 물었다.

"왜 우리는 자연의 계산 능력을 고전 컴퓨터의 틀에 가둬야만 하는가?"

그 질문은 단순한 수학적 탐색이 아니었다. 그는 '계산'이라는 개념을 양자화(quantize)하려 했다. 결과적으로, 그는 세계 최초의 양자알고리즘을 제안했다. 이 알고리즘은 단순한 계산 속도 경쟁이 아니었다. 그것은 세계가 어떻게 '계산될 수 있는가'라는 물리학과 철학이 교차하는 메타 질문이었다. 이렇게 완성된 양자알고리즘이 도이치 알고리즘이다.

7년 후, 도이치는 리처드 조사(Richard Jozsa)와 함께 도이치-조사 알고리즘을 발표한다. 이 알고리즘은 고전적인 결정론적 알고리즘으로는 지수 시간이 걸리는 문제를 단 한 번의 계산으로 풀어낼 수 있다는 것을 처음으로 증명했다. 그것은 인간이 만든 계산 기계가 양자의 세계에서 새롭게 진화할 수 있음을 입증한 선언문이었다.

2012년부터 도이치는 계산뿐만 아니라 모든 물리적 프로세스를 포괄하기 위해 계산의 양자 이론을 일반화하려는 시도인 '생성자 이론'을 연구한다. '생성자(Constructor)'란 어떤 물리적 변형을 수행할 수 있는 시스템이다. 예컨대, 토스터는 빵을 굽는 생성자다. 복제기는 유전자를 복제하는 생성자고, 양자컴퓨터는 계산을 수행하는 생성자다. 도이치와 키아라 말레토(Chiara Marletto)는 2014년 12월, 「정보의 생성자 이론(The Constructor Theory of Information)」이라는 논문을 통해 다음과 같은 핵심 가설을 제시한다.

"정보는 어떤 상태 변화가 가능한가/불가능한가를 기준으로 정의

되어야 한다. 즉, 정보란 단지 '데이터의 양'이 아니라 어떤 일이 일어날 수 있는지 없는지를 말해주는 것이다."

1997년, 데이비드 도이치는 한 권의 책을 세상에 내놓는다. 제목은 『현실의 구조(The Fabric of Reality)』. 이 책은 단순한 물리학 입문서가 아니었다. 그는 이렇게 선언한다.

"나는 모든 것을 설명하는 이론(Theory of Everything)을 찾으려는 것이 아니라, 서로 다른 네 가지 기둥이 서로를 떠받치는 구조를 제안한다. 첫 번째 기둥은 다세계 해석 (Many-Worlds Interpretation)이다. 두 번째 기둥은 인식론과 실재론이다. 세 번째 기둥은 계산의 양자 이론이고 네 번째 기둥은 진화와 밈이다. 밈이란 설명 가능한 이론의 진화 단위를 말한다. 현실은 단일한 법칙의 산물이 아니라 네 가지 기둥이 만들어낸 구조물이다."

두 번째 소개할 과학자는 요자이다.

리처드 요자(Richard Jozsa, 1953~ , 오스트레일리아)

영국의 저명한 컴퓨터 과학자이자 수학자인 리처드 요자는 호주 멜버른에서 태어났다. 어린 시절 그는 수학과 물리학에 깊은 관심을 보였으며, 이러한 흥미는 훗날 그의 학문적·직업적 진로에 큰 영향을 끼쳤다. 헝가리 출신의 부모님은 어린 요자의 지적 호기심을 북돋우며, 학문적 탐구에 몰두할 수 있는 환경을 조성해주었다.

리처드 요자의 공식적인 학문 여정은 케임브리지 대학에서 시작되었다. 그는 이곳에서 수학을 전공하며 학사 과정을 밟았고, 1975년에 문학사(BA) 학위를 받고 졸업했다. 학부 시절 그는 수학에 대한 탁월한 적성과 열정을 보였으며, 특히 양자 컴퓨팅에 대한 관심이 이때 싹트기 시작했다.

학사 과정을 마친 후, 요자는 케임브리지에서 박사 과정을 이어갔으며, 이론물리학자이자 성공회 사제였던 존 폴킹혼(John Polkinghorne) 교수의 지도를 받았다. 1978년에 제출된 박사학위 논문의 제목은 「위상 공간에서의 양자역학(Quantum Mechanics in Phase Space)」으로, 양자역학의 수학적 구조를 새로운 방식으로 탐구한 이 연구는 해당 분야에 의미 있는 기여를 했다. 위상 공간에서의 양자역학에 대한 그의 탐구는 양자 시스템의 수학적 구조에 대한 새로운 관점을 제공했으며, 이는 나중에 양자알고리즘과 양자정보이론을 개발하는 데 중요한 것으로 입증되었다.

박사학위를 마친 후 요자는 브리스톨 대학에서 박사 후 연구원으로 활동하고 플리머스 대학에서 강의하는 등 여러 학문적 직책을 역임했다. 이러한 초기 교수 임명을 통해 그는 자신의 연구 관심사를 더

욱 구체화하고 급성장하는 양자 컴퓨팅 분야에 기여할 수 있었다.

어린 시절과 교육을 통해 요자는 수학과 물리학에 대한 놀라운 소질을 보였으며 이는 나중에 양자정보이론에 대한 그의 선구적인 연구의 토대를 마련했다.

요자와 도이치의 협업은 양자 컴퓨팅 개발에 중요한 역할을 했다. 1992년에 그들은 도이치-요자 알고리즘이 고전 알고리즘보다 크게 개선되었다고 제안했다. 도이치-요자 알고리즘은 양자 중첩 및 간섭의 원리를 기반으로 한다. 알고리즘은 가능한 모든 입력 상태의 중첩에서 양자 시스템을 준비하는 것으로 시작한다. 그런 다음, 함수의 값을 양자상태의 단계로 인코딩하는 유니터리 변환을 적용한다. 마지막으로, 양자 간섭으로 인해 높은 확률로 함수의 전역 속성(상수 또는 균형)을 생성하는 측정을 수행한다. 이 프로세스는 양자 시스템이 다양한 계산 경로를 동시에 탐색할 수 있는 양자 병렬 처리의 힘을 명확하게 보여준다.

또한 1993년 논문에서 그들은 바넷(Charles H. Bennett) 등과 함께 이전에 공유된 얽힌 상태와 고전적 통신을 사용하여 양자상태를 순간이동하는 방법을 제안했다. 이 획기적인 결과는 양자통신과 양자암호의 잠재력을 보여주었다.

요자와 도이치의 협업은 양자 컴퓨팅 및 정보에 지속적인 영향을 미쳤다. 도이치-요자 알고리즘 및 양자순간이동에 대한 그들의 연구는 이 분야의 많은 후속 개발을 위한 토대를 마련했다. 그들의 선구적인 노력은 양자 계산 및 통신의 잠재력과 한계에 대한 우리의 이해를 형성하는 데 도움이 되었다.

도이치-요자 양자 컴퓨팅에서 중요한 이정표이다. 이는 기존 컴퓨팅에 비해 명확한 양자 우위를 입증한 최초의 알고리즘이었다. 이 알고리즘은 함수가 일정한지 균형이 잡혀 있는지 확인하는 특정 문제를 해결하도록 설계되었다. 고전 컴퓨팅에서 이 문제는 함수에 대한 여러 쿼리가 필요하지만 도이치-요자 알고리즘은 단 하나의 쿼리로 이 문제를 해결할 수 있어 양자 병렬 처리의 힘을 보여준다. 쿼리는 어떤 함수의 값을 알아내기 위해 그 함수에 값을 넣어 호출하는 행위를 말한다.

양자 병렬 처리는 양자 컴퓨팅의 기본 개념으로, 양자 시스템이 동시에 여러 상태로 존재할 수 있도록 한다. 이것은 양자역학의 기본 교리인 중첩의 원리 때문이다. 도이치-요자 알고리즘의 맥락에서 양자 병렬 처리를 사용하면 양자컴퓨터가 가능한 모든 입력에서 동시에 함수를 평가할 수 있다. 이는 각 입력을 순차적으로 평가해야 하는 기존 컴퓨팅과 극명한 대조를 이룬다.

도이치-요자 알고리즘은 n개의 큐비트로 구성된 양자 시스템에서 작동하며, 여기서 큐비트는 양자정보의 기본 단위이다. 알고리즘은 가능한 모든 입력 상태의 중첩으로 양자 시스템을 준비하는 것으로 시작한다. 그런 다음, 오라클이라는 이름의 유니터리 변환을 적용하여 함수를 양자상태로 인코딩한다. 오라클은 함수가 1로 평가되는 경우 상태의 부호를 뒤집도록 설계되었다. 이것은 서로 다른 함숫값에 해당하는 상태 간에 위상차를 생성한다.

오라클이 적용된 후 양자 시스템은 각 상태의 중첩에 있으며, 각 상태에는 함숫값에 의해 결정되는 위상이 있다. 그런 다음 알고리즘은 아다마르 변환으로 알려진 시스템의 두 번째 변환을 적용한다. 아다마르 변환은 서로 다른 상태 간에 간섭을 생성하는 양자 게이트의 한 유형이다. 이 간섭으로 인해 다른 기능 값에 해당하는 상태가 상쇄되고 동일한 기능 값에 해당하는 상태만 남게 된다.

도이치-요자 알고리즘의 마지막 단계는 양자 시스템을 측정하는 것이다. 함수가 일정한 경우 측정은 항상 동일한 결과를 산출한다. 기능이 균형을 이루면 측정에서 다른 결과가 나온다. 따라서 알고리즘은 단일 측정을 수행하여 함수가 일정한지 또는 균형을 이루는지 확인할 수 있다.

도이치-요자 알고리즘은 양자 컴퓨팅의 잠재력을 강력하게 보여준다. 이는 양자컴퓨터가 기존 컴퓨터보다 특정 문제를 더 효율적으로 해결할 수 있음을 보여준다. 그러나 이 알고리즘은 특정 문제를 위해 설계되었으며 양자컴퓨터가 모든 면에서 클래식 컴퓨터보다 우수하다는 것을 의미하지는 않는다는 점에 유의하는 것이 중요하다. 보다 범용적인 양자알고리즘의 개발은 여전히 활발한 연구 분야이다.

양자의 두 날개 _ 쇼어 알고리즘, 그로버 알고리즘의 작동 원리와 영향력

정교수 이번에는 양자알고리즘 중 가장 강력한 무기인 쇼어 알고리즘에 대해 이야기해보자.

물리군 인터넷 암호를 깰 수 있다는 그거죠?

정교수 맞아. 쇼어 알고리즘은 큰 수를 아주 빠르게 소인수분해할 수 있는 양자알고리즘이야. 기존 컴퓨터는 몇백 년 걸릴 걸 양자컴퓨터는 몇 초면 끝낼 수 있지.

물리군 왜 중요한가요?

정교수 인터넷 보안의 핵심인 RSA 암호는 "큰 수를 소인수분해하기 어렵다"는 점을 기반으로 해. 근데 쇼어 알고리즘은 바로 그걸 단숨에 해결할 방법을 제시한 거지.

물리군 어떻게 그렇게 빠른가요?

정교수 핵심은 이거야. "어떤 계산 패턴이 얼마나 자주 반복되는지(주기)를 찾으면 그걸 통해 소인수를 역추적할 수 있다." 고전 컴퓨터는 이 반복 주기를 하나하나 계산하며 찾아야 해. 하지만 양자컴퓨터는 모든 경우를 한꺼번에 살펴보고, 간섭 현상을 통해 정답만 강조해줘.

물리군 즉 '모든 가능성을 동시에 고려'하고, '정답이 되는 경로만 남기는' 방식이군요!

정교수 정확해. 바로 그게 양자알고리즘의 마법이야. 이 알고리즘이 처음 발표된 건 1994년, 하지만 그 충격은 지금도 유효해. 왜냐하면 이건 단순한 계산 기술이 아니라, 우리가 지금까지 믿었던 보안 체계를 근본부터 뒤흔든 거니까.

물리군 교수님, 그러면 양자컴퓨터가 진짜 완성되면 우리 비밀번호가 다 위험한 거 아니에요?

정교수   그래서 지금 '양자 시대를 견디는 암호(Post-Quantum Cryptography)'가 급하게 개발되고 있는 거란다.

정교수   이번에는 그로버 알고리즘(Grover's Algorithm). '찾기(search)' 문제를 빠르게 해결해 주는 양자알고리즘이지.

물리군   어떻게요?

정교수   예를 들어, 어떤 박스 100개 중 하나에만 당첨 티켓이 들어 있다고 해보자. 박스를 하나씩 열어서 찾으려면 평균적으로 50개쯤 열어야 하겠지?

물리군   네, 완전한 무작위라면 그렇겠죠.

정교수   그런데 그로버 알고리즘은 그걸 단 10번 정도만 열어도 당첨 박스를 찾아낼 수 있어.

물리군   진짜요? 어떻게 그런 일이 가능해요?

정교수   고전 컴퓨터는 박스를 하나씩 열어봐야 해. 하지만 양자컴퓨터는 모든 박스를 동시에 '열어보는 시늉'을 해볼 수 있어.

물리군   어떻게요?

정교수   양자상태는 '중첩'되어 있거든. 즉, 100개의 선택지를 동시에 처리하는 게 가능해. 그다음 간섭(Interference)이라는 마법을 써서 정답 후보만 강조하고, 나머지는 흐리게 만들어버려. 그러니까 그로버 알고리즘은 정답이 어디 있는지 모를 때, 빠르게 후보를 좁혀 나가는 데 유리하지.

도이치 알고리즘 _ 오라클 머신과 불함수로 여는 새로운 계산의 세계

정교수 먼저 불함수에 대한 이야기를 해볼게. 불함수는 정의역이 $X=\{0,1\}$이고 공역이 $Y=\{0,1\}$인 함수야. 그러니까 불함수는 네 종류가 생겨.

첫 번째 불함수를 보자.

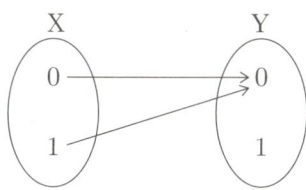

이 함수를 f라고 하면

$$f(0) = f(1) = 0$$

가 된다.

두 번째 불함수를 보자.

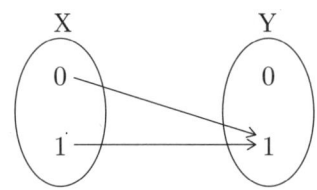

이 함수를 f라고 하면

$f(0) = f(1) = 1$

가 된다.

세 번째 불함수를 보자.

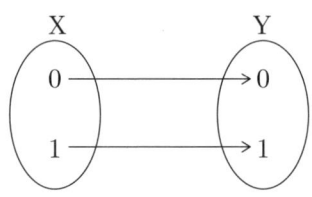

이 함수를 f라고 하면

$f(0) = 0$

$f(1) = 1$

가 된다.

네 번째 불함수를 보자.

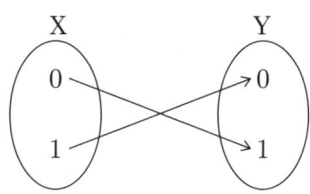

이 함수를 f라고 하면

$f(0) = 1$

$f(1) = 0$

가 된다.

이때 $f(0) = f(1)$인 불함수를 '상수함수'라고 부른다. 이 경우는

$f(0) \oplus f(1) = 0$

가 된다. 반대로 $f(0) \neq f(1)$인 불함수를 '균형함수'라고 불러. 이 경우는

$f(0) \oplus f(1) = 1$

이 된다.

도이치는 다음 그림과 같은 추상적인 머신을 생각했는데 이 머신을 '오라클 머신'이라고 부른다.

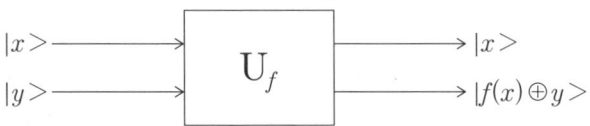

이것을 식으로 나타내면

$U_f(|x>\otimes|y>) = |x>\otimes|f(x)\oplus y>$

이제 |00>에 $H\otimes I$를 적용하면,

$(H \otimes I)|00>$

$= (H \otimes I)(|0>\otimes|0>)$

$= (H|0>) \otimes (I|0>)$

$= (H|0>) \otimes |0>$

$= \frac{1}{\sqrt{2}}(|00>+|10>)$

이 된다. 이제 $(H \otimes I)|00>$를 오라클 머신에 통과시키자. 이것을 그림으로 나타내면 다음과 같다.

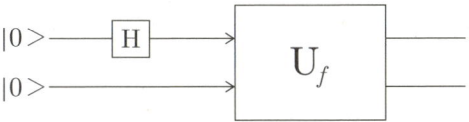

즉,

$$U_f((H \otimes I)|00>)$$

$$= \frac{1}{\sqrt{2}}(|0>\otimes|f(0)>+|1>\otimes|f(1)>)$$

이 된다.

오라클 머신에 대해서는 다음과 같은 재미있는 성질이 있다.

$$U_f\left(|x>\otimes\left(\frac{1}{\sqrt{2}}(|0>-|1>)\right)\right)$$

$$= (-1)^{f(x)}|x>\otimes\left(\frac{1}{\sqrt{2}}(|0>-|1>)\right)$$

물리군   어떻게 증명하죠?

정교수   오라클 머신의 정의를 이용하면 돼.

$$U_f\left(|x>\otimes\left(\frac{1}{\sqrt{2}}(|0>-|1>)\right)\right)$$

$$=\frac{1}{\sqrt{2}}[U_f(|x>\otimes|0>)-U_f(|x>\otimes|1>)]$$

$$=\frac{1}{\sqrt{2}}(|x>\otimes|f(x)>-|x>\otimes|1\oplus f(x)>) \qquad (6\text{-}5\text{-}1)$$

이 되지. $f(x)$는 0 또는 1이니까 두 경우로 나누어서 생각해보면 돼.

먼저 $f(x) = 0$이면 식(6-5-1)은

$$U_f\left(|x>\otimes\left(\frac{1}{\sqrt{2}}(|0>-|1>)\right)\right)$$

$$=\frac{1}{\sqrt{2}}(|x>\otimes|0>-|x>\otimes|1\oplus 0>)$$

$$=\frac{1}{\sqrt{2}}(|x>\otimes|0>-|x>\otimes|1>)$$

$$=|x>\otimes\left(\frac{1}{\sqrt{2}}(|0>-|1>)\right) \qquad (6\text{-}5\text{-}2)$$

이 돼. 또한, $f(x) = 1$이면 식(6-5-1)는

$$U_f\left(|x> \otimes \left(\frac{1}{\sqrt{2}}(|0>-|1>)\right)\right)$$

$$= \frac{1}{\sqrt{2}}(|x>\otimes|1>-|x>\otimes|1\oplus 1>)$$

$$= \frac{1}{\sqrt{2}}(|x>\otimes|1>-|x>\otimes|0>)$$

$$=-\frac{1}{\sqrt{2}}(|x>\otimes|0>-|x>\otimes|1>)$$

$$=-|x>\otimes\left(\frac{1}{\sqrt{2}}(|0>-|1>)\right) \qquad (6\text{-}5\text{-}3)$$

이 돼. 그런데 $f(x) = 0$이면 $(-1)^{f(x)} = 1$이고 $f(x) = 1$이면 $(-1)^{f(x)} = -1$이므로 식(6-5-2)와 식(6-5-3)을 함께 쓰면

$$U_f\left(|x>\otimes\left(\frac{1}{\sqrt{2}}(|0>-|1>)\right)\right)$$

$$= (-1)^{f(x)}|x>\otimes\left(\frac{1}{\sqrt{2}}(|0>-|1>)\right)$$

으로 나타낼 수 있다.

이제 도이치 알고리즘에 대해 알아보자. 도이치 알고리즘은 오라클 머신 속의 함수가 상수함수인지 균형함수인지를 알 수 있는 알고리즘이다. 이 알고리즘은 다음과 같이 만들 수 있다.

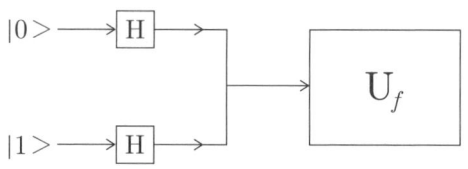

이것을 식으로 쓰면

$$U_f((H \otimes H)(|0> \otimes |1>))$$

이다. 여기서

$$(H \otimes H)(|0> \otimes |1>)$$

$$= H|0> \otimes H|1>$$

$$= \frac{1}{\sqrt{2}}(|0>+|1>) \otimes \frac{1}{\sqrt{2}}(|0>-|1>)$$

이다. 이제 U_f를 작용하면

$$U_f((H \otimes H)(|0> \otimes |1>))$$

$$= \frac{1}{\sqrt{2}}\left[U_f\left(|0> \otimes \frac{1}{\sqrt{2}}(|0>-|1>) \right) + U_f\left(|1> \otimes \frac{1}{\sqrt{2}}(|0>-|1>) \right) \right]$$

$$= \frac{1}{\sqrt{2}}\left[(-1)^{f(0)}\left(|0> \otimes \frac{1}{\sqrt{2}}(|0>-|1>) \right) + (-1)^{f(1)}\left(|1> \otimes \frac{1}{\sqrt{2}}(|0>-|1>) \right) \right]$$

이 된다. 그러니까 f가 상수함수이면

$$U_f((H \otimes H)(|0> \otimes |1>))$$

$$= (-1)^{f(0)} \frac{1}{\sqrt{2}}(|0>+|1>) \otimes \frac{1}{\sqrt{2}}(|0>-|1>)$$

이 된다. 이것을 그림으로 나타내면 다음과 같다.

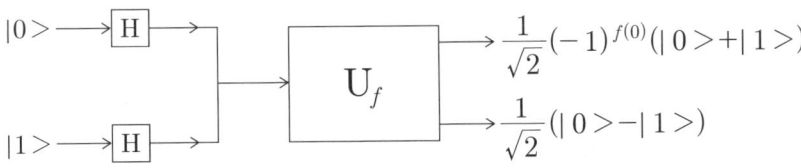

f가 균형함수이면

$$(-1)^{f(1)} = -(-1)^{f(0)}$$

이므로

$$U_f((H \otimes H)(|0> \otimes |1>))$$

$$= (-1)^{f(0)} \frac{1}{\sqrt{2}}(|0>-|1>) \otimes \frac{1}{\sqrt{2}}(|0>-|1>)$$

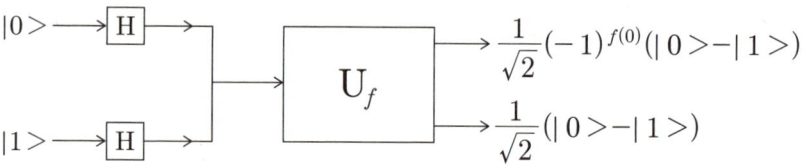

이 된다. 즉, 첫 번째 큐비트로부터 f가 상수함수인지 균형함수인지 알 수 있다.

양자컴퓨터, 계산의 한계를 넘다 _ 시커모어에서 IBM 이글까지

물리군 교수님, 요즘 뉴스에서 "양자컴퓨터가 미래다!" 하는데, 진짜 그렇게 대단한 건가요?

정교수 음, 대단하긴 하지. 고전 컴퓨터로는 수천 년 걸릴 계산을 몇 분 만에 해낼 수 있는 잠재력이 있으니까.

물리군 그럼 양자컴퓨터는 언제부터 시작된 거예요?

정교수 개념 자체는 1980년대 초에 나왔어. 처음엔 리처드 파인만(Richard Feynman)이 "고전 컴퓨터는 양자 시스템을 흉내 내기 힘들다"는 문제를 제기하면서 시작됐지.

물리군 아, 파인만이 그런 말도 했군요!

정교수 맞아. 그리고 1985년, 데이비드 도이치(David Deutsch)가 양자컴퓨터의 이론적 모델을 처음으로 만들었지. 이게 '양자 튜링 머신'이라는 거야.

물리군 근데 이론만 있다고 실용적인 건 아니잖아요?

정교수 정확해. 진짜 전환점은 1994년, 수학자 피터 쇼어(Peter Shor)가 발표한 '쇼어의 알고리즘'이야.

물리군 왜요?

정교수 쇼어는 양자컴퓨터라면 소인수분해를 아주 빠르게 할 수 있다는 걸 보였거든. 그건 곧 RSA 암호체계가 무력화된다는 뜻이지.

물리군 헉, 전 세계 인터넷 보안이 무너지는 건가요?

정교수 그럴 가능성도 있지. 그래서 양자암호도 같이 연구되는 거고.

물리군 이론은 알겠는데… 실제로 양자컴퓨터가 있긴 해요?

정교수 있지! IBM, 구글, 리게티 컴퓨팅 같은 회사들이 수십 수백여 개의 큐비트를 갖춘 양자컴퓨터를 개발 중이야.

2019년 가을, 구글의 연구진은 '시커모어(Sycamore)'라는 이름의 양자컴퓨터로 우주의 균열을 엿보았다. 아니, 엄밀히 말하면 고전 컴퓨터라는 사유의 경계선을 넘으려 했다.

"이 연산을 슈퍼컴퓨터로는 1만 년 걸릴 겁니다."

"우리는 단 200초 만에 해냈죠."

이 성명은 물리학계에 일종의 지각변동을 일으켰다. '양자 우월성(quantum supremacy)'이라는 개념이 논문과 시뮬레이션이 아닌 실험으로 현실이 된 최초의 순간이었다.

시커모어는 53개의 초전도 큐비트로 구성되어 있다. 이 큐비트들은 마치 정지된 시간 속에서 조용히 춤을 춘다. 그들을 움직이는 건 마이크로파. 전류가 흐르는 마이크로 회로, 그 회로를 1만분의 1초보다 짧은 시간 간격으로 조작한다. 이 무대의 조건은 단 하나. 영하 273도에 가까운 공간.

극저온은 왜 필요한가? 큐비트는 주변의 흔들림, 열, 소음, 그 어떤 교란에도 쉽게 '클래식'한 상태로 무너져버리고 절대 영도에 가까운 공간에서만 진정한 양자성을 유지하기 때문이다. 큐비트는 얽힘이 일어나면 문제가 생길 수 있다. 큐비트 수가 늘수록 제어해야 할 변수는 기하급수적으로 늘어난다. 하나의 큐비트가 틀어지면, 그 얽힘은 전체를 무너뜨릴 수 있다. 이는 단순한 연산 문제가 아닌 시스템의 본질적 혼란이다. 시커모어는 양자 우월성을 증명했지만 오류율이라는 괴물을 동반할 수밖에 없었다.

시커모어는 고전 컴퓨터와는 비교할 수 없을 정도로 빠르다. 하지만 그만큼 민감하다. 에러 보정 없이는 긴 연산이 불가능하다. 그래서

양자컴퓨터 시커모어
(Sycamore)

지금도 구글은 이론상의 오류 보정 큐비트(예: surface code)로 나아가고 있다. 마치 뇌 속의 뉴런처럼, 하나하나 큐비트를 정제하고 연결해, '사고하는 기계'를 만들고자 한다.

IBM은 2021년 127 큐비트 양자 프로세서인 IBM Eagle을 만들었다. 1년 후 IBM은 433 큐비트 규모의 초전도 양자 프로세서인 오스프리(Osprey)를 만들어냈다.

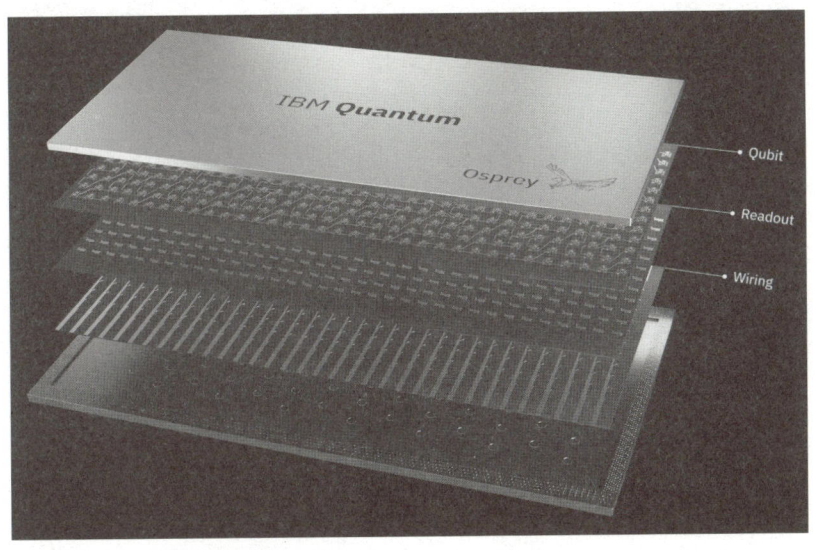

127 큐비트 양자 프로세서 IBM Eagle

물리군 교수님, 그럼 양자컴퓨터는 앞으로 어디까지 발전할까요?
정교수 지금은 노이즈와 에러가 많아서 실용화가 어려워. 하지만 몇 년 안에 에러 보정 큐비트 기술, 수천 개 이상의 논리 큐비트, 기후 예측, 신약 개발, 암호 해독 등 특정 분야에서 먼저 상용화될 거야.

물리군   그럼 언젠가는 우리 집에도 양자컴퓨터가 생기겠네요?

정교수   글쎄… 양자컴퓨터는 일반 사용자가 쓰기보다는 클라우드 양자 연산처럼 필요할 때 연결해서 사용하는 서비스 형태가 될 가능성이 커.

양자컴퓨터

만남에 덧붙여

of lanthanum is 7/2, hence the nuclear magnetic moment as determined by this analysis is 2.5 nuclear magnetons. This is in fair agreement with the value 2.8 nuclear magnetons determined from La III hyperfine structures by the writer and N. S. Grace.[9]

[9] M. F. Crawford and N. S. Grace, Phys. Rev. **47**, 536 (1935).

This investigation was carried out under the supervision of Professor G. Breit, and I wish to thank him for the invaluable advice and assistance so freely given. I also take this opportunity to acknowledge the award of a Fellowship by the Royal Society of Canada, and to thank the University of Wisconsin and the Department of Physics for the privilege of working here.

Can Quantum-Mechanical Description of Physical Reality Be Considered Complete?

A. EINSTEIN, B. PODOLSKY AND N. ROSEN, *Institute for Advanced Study, Princeton, New Jersey*
(Received March 25, 1935)

In a complete theory there is an element corresponding to each element of reality. A sufficient condition for the reality of a physical quantity is the possibility of predicting it with certainty, without disturbing the system. In quantum mechanics in the case of two physical quantities described by non-commuting operators, the knowledge of one precludes the knowledge of the other. Then either (1) the description of reality given by the wave function in quantum mechanics is not complete or (2) these two quantities cannot have simultaneous reality. Consideration of the problem of making predictions concerning a system on the basis of measurements made on another system that had previously interacted with it leads to the result that if (1) is false then (2) is also false. One is thus led to conclude that the description of reality as given by a wave function is not complete.

1.

ANY serious consideration of a physical theory must take into account the distinction between the objective reality, which is independent of any theory, and the physical concepts with which the theory operates. These concepts are intended to correspond with the objective reality, and by means of these concepts we picture this reality to ourselves.

In attempting to judge the success of a physical theory, we may ask ourselves two questions: (1) "Is the theory correct?" and (2) "Is the description given by the theory complete?" It is only in the case in which positive answers may be given to both of these questions, that the concepts of the theory may be said to be satisfactory. The correctness of the theory is judged by the degree of agreement between the conclusions of the theory and human experience. This experience, which alone enables us to make inferences about reality, in physics takes the form of experiment and measurement. It is the second question that we wish to consider here, as applied to quantum mechanics.

Whatever the meaning assigned to the term *complete*, the following requirement for a complete theory seems to be a necessary one: *every element of the physical reality must have a counterpart in the physical theory*. We shall call this the condition of completeness. The second question is thus easily answered, as soon as we are able to decide what are the elements of the physical reality.

The elements of the physical reality cannot be determined by *a priori* philosophical considerations, but must be found by an appeal to results of experiments and measurements. A comprehensive definition of reality is, however, unnecessary for our purpose. We shall be satisfied with the following criterion, which we regard as reasonable. *If, without in any way disturbing a system, we can predict with certainty (i.e., with probability equal to unity) the value of a physical quantity, then there exists an element of physical reality corresponding to this physical quantity.* It seems to us that this criterion, while far from exhausting all possible ways of recognizing a physical reality, at least provides us with one such way, whenever the conditions set down in it occur. Regarded not as a necessary, but merely as a sufficient, condition of reality, this criterion is in agreement with classical as well as quantum-mechanical ideas of reality.

To illustrate the ideas involved let us consider the quantum-mechanical description of the behavior of a particle having a single degree of freedom. The fundamental concept of the theory is the concept of *state*, which is supposed to be completely characterized by the wave function ψ, which is a function of the variables chosen to describe the particle's behavior. Corresponding to each physically observable quantity A there is an operator, which may be designated by the same letter.

If ψ is an eigenfunction of the operator A, that is, if

$$\psi' \equiv A\psi = a\psi, \qquad (1)$$

where a is a number, then the physical quantity A has with certainty the value a whenever the particle is in the state given by ψ. In accordance with our criterion of reality, for a particle in the state given by ψ for which Eq. (1) holds, there is an element of physical reality corresponding to the physical quantity A. Let, for example,

$$\psi = e^{(2\pi i/h)p_0 x}, \qquad (2)$$

where h is Planck's constant, p_0 is some constant number, and x the independent variable. Since the operator corresponding to the momentum of the particle is

$$p = (h/2\pi i)\partial/\partial x, \qquad (3)$$

we obtain

$$\psi' = p\psi = (h/2\pi i)\partial\psi/\partial x = p_0\psi. \qquad (4)$$

Thus, in the state given by Eq. (2), the momentum has certainly the value p_0. It thus has meaning to say that the momentum of the particle in the state given by Eq. (2) is real.

On the other hand if Eq. (1) does not hold, we can no longer speak of the physical quantity A having a particular value. This is the case, for example, with the coordinate of the particle. The operator corresponding to it, say q, is the operator of multiplication by the independent variable. Thus,

$$q\psi = x\psi \neq a\psi. \qquad (5)$$

In accordance with quantum mechanics we can only say that the relative probability that a measurement of the coordinate will give a result lying between a and b is

$$P(a,b) = \int_a^b \bar{\psi}\psi dx = \int_a^b dx = b-a. \qquad (6)$$

Since this probability is independent of a, but depends only upon the difference $b-a$, we see that all values of the coordinate are equally probable.

A definite value of the coordinate, for a particle in the state given by Eq. (2), is thus not predictable, but may be obtained only by a direct measurement. Such a measurement however disturbs the particle and thus alters its state. After the coordinate is determined, the particle will no longer be in the state given by Eq. (2). The usual conclusion from this in quantum mechanics is that *when the momentum of a particle is known, its coordinate has no physical reality*.

More generally, it is shown in quantum mechanics that, if the operators corresponding to two physical quantities, say A and B, do not commute, that is, if $AB \neq BA$, then the precise knowledge of one of them precludes such a knowledge of the other. Furthermore, any attempt to determine the latter experimentally will alter the state of the system in such a way as to destroy the knowledge of the first.

From this follows that either (1) *the quantum-mechanical description of reality given by the wave function is not complete* or (2) *when the operators corresponding to two physical quantities do not commute the two quantities cannot have simultaneous reality*. For if both of them had simultaneous reality—and thus definite values—these values would enter into the complete description, according to the condition of completeness. If then the wave function provided such a complete description of reality, it would contain these values; these would then be predictable. This not being the case, we are left with the alternatives stated.

In quantum mechanics it is usually assumed that the wave function *does* contain a complete description of the physical reality of the system in the state to which it corresponds. At first sight this assumption is entirely reasonable, for the information obtainable from a wave function seems to correspond exactly to what can be measured without altering the state of the system. We shall show, however, that this assumption, together with the criterion of reality given above, leads to a contradiction.

2.

For this purpose let us suppose that we have two systems, I and II, which we permit to interact from the time $t=0$ to $t=T$, after which time we suppose that there is no longer any interaction between the two parts. We suppose further that the states of the two systems before $t=0$ were known. We can then calculate with the help of Schrödinger's equation the state of the combined system I+II at any subsequent time; in particular, for any $t>T$. Let us designate the corresponding wave function by Ψ. We cannot, however, calculate the state in which either one of the two systems is left after the interaction. This, according to quantum mechanics, can be done only with the help of further measurements, by a process known as the *reduction of the wave packet*. Let us consider the essentials of this process.

Let $a_1, a_2, a_3, \cdots$ be the eigenvalues of some physical quantity A pertaining to system I and $u_1(x_1), u_2(x_1), u_3(x_1), \cdots$ the corresponding eigenfunctions, where x_1 stands for the variables used to describe the first system. Then Ψ, considered as a function of x_1, can be expressed as

$$\Psi(x_1, x_2) = \sum_{n=1}^{\infty} \psi_n(x_2) u_n(x_1), \qquad (7)$$

where x_2 stands for the variables used to describe the second system. Here $\psi_n(x_2)$ are to be regarded merely as the coefficients of the expansion of Ψ into a series of orthogonal functions $u_n(x_1)$. Suppose now that the quantity A is measured and it is found that it has the value a_k. It is then concluded that after the measurement the first system is left in the state given by the wave function $u_k(x_1)$, and that the second system is left in the state given by the wave function $\psi_k(x_2)$. This is the process of reduction of the wave packet; the wave packet given by the infinite series (7) is reduced to a single term $\psi_k(x_2) u_k(x_1)$.

The set of functions $u_n(x_1)$ is determined by the choice of the physical quantity A. If, instead of this, we had chosen another quantity, say B, having the eigenvalues $b_1, b_2, b_3, \cdots$ and eigenfunctions $v_1(x_1), v_2(x_1), v_3(x_1), \cdots$ we should have obtained, instead of Eq. (7), the expansion

$$\Psi(x_1, x_2) = \sum_{s=1}^{\infty} \varphi_s(x_2) v_s(x_1), \qquad (8)$$

where φ_s's are the new coefficients. If now the quantity B is measured and is found to have the value b_r, we conclude that after the measurement the first system is left in the state given by $v_r(x_1)$ and the second system is left in the state given by $\varphi_r(x_2)$.

We see therefore that, as a consequence of two different measurements performed upon the first system, the second system may be left in states with two different wave functions. On the other hand, since at the time of measurement the two systems no longer interact, no real change can take place in the second system in consequence of anything that may be done to the first system. This is, of course, merely a statement of what is meant by the absence of an interaction between the two systems. Thus, *it is possible to assign two different wave functions* (in our example ψ_k and φ_r) *to the same reality* (the second system after the interaction with the first).

Now, it may happen that the two wave functions, ψ_k and φ_r, are eigenfunctions of two noncommuting operators corresponding to some physical quantities P and Q, respectively. That this may actually be the case can best be shown by an example. Let us suppose that the two systems are two particles, and that

$$\Psi(x_1, x_2) = \int_{-\infty}^{\infty} e^{(2\pi i/h)(x_1 - x_2 + x_0)p} dp, \qquad (9)$$

where x_0 is some constant. Let A be the momentum of the first particle; then, as we have seen in Eq. (4), its eigenfunctions will be

$$u_p(x_1) = e^{(2\pi i/h) p x_1} \qquad (10)$$

corresponding to the eigenvalue p. Since we have here the case of a continuous spectrum, Eq. (7) will now be written

$$\Psi(x_1, x_2) = \int_{-\infty}^{\infty} \psi_p(x_2) u_p(x_1) dp, \quad (11)$$

where

$$\psi_p(x_2) = e^{-(2\pi i/h)(x_2-x_0)p}. \quad (12)$$

This ψ_p however is the eigenfunction of the operator

$$P = (h/2\pi i)\partial/\partial x_2, \quad (13)$$

corresponding to the eigenvalue $-p$ of the momentum of the second particle. On the other hand, if B is the coordinate of the first particle, it has for eigenfunctions

$$v_x(x_1) = \delta(x_1-x), \quad (14)$$

corresponding to the eigenvalue x, where $\delta(x_1-x)$ is the well-known Dirac delta-function. Eq. (8) in this case becomes

$$\Psi(x_1, x_2) = \int_{-\infty}^{\infty} \varphi_x(x_2) v_x(x_1) dx, \quad (15)$$

where

$$\varphi_x(x_2) = \int_{-\infty}^{\infty} e^{(2\pi i/h)(x-x_2+x_0)p} dp$$

$$= h\delta(x-x_2+x_0). \quad (16)$$

This φ_x, however, is the eigenfunction of the operator

$$Q = x_2 \quad (17)$$

corresponding to the eigenvalue $x+x_0$ of the coordinate of the second particle. Since

$$PQ - QP = h/2\pi i, \quad (18)$$

we have shown that it is in general possible for ψ_k and φ_r to be eigenfunctions of two noncommuting operators, corresponding to physical quantities.

Returning now to the general case contemplated in Eqs. (7) and (8), we assume that ψ_k and φ_r are indeed eigenfunctions of some non-commuting operators P and Q, corresponding to the eigenvalues p_k and q_r, respectively. Thus, by measuring either A or B we are in a position to predict with certainty, and without in any way disturbing the second system, either the value of the quantity P (that is p_k) or the value of the quantity Q (that is q_r). In accordance with our criterion of reality, in the first case we must consider the quantity P as being an element of reality, in the second case the quantity Q is an element of reality. But, as we have seen, both wave functions ψ_k and φ_r belong to the same reality.

Previously we proved that either (1) the quantum-mechanical description of reality given by the wave function is not complete or (2) when the operators corresponding to two physical quantities do not commute the two quantities cannot have simultaneous reality. Starting then with the assumption that the wave function does give a complete description of the physical reality, we arrived at the conclusion that two physical quantities, with noncommuting operators, can have simultaneous reality. Thus the negation of (1) leads to the negation of the only other alternative (2). We are thus forced to conclude that the quantum-mechanical description of physical reality given by wave functions is not complete.

One could object to this conclusion on the grounds that our criterion of reality is not sufficiently restrictive. Indeed, one would not arrive at our conclusion if one insisted that two or more physical quantities can be regarded as simultaneous elements of reality *only when they can be simultaneously measured or predicted*. On this point of view, since either one or the other, but not both simultaneously, of the quantities P and Q can be predicted, they are not simultaneously real. This makes the reality of P and Q depend upon the process of measurement carried out on the first system, which does not disturb the second system in any way. No reasonable definition of reality could be expected to permit this.

While we have thus shown that the wave function does not provide a complete description of the physical reality, we left open the question of whether or not such a description exists. We believe, however, that such a theory is possible.

ON THE EINSTEIN PODOLSKY ROSEN PARADOX*

J. S. BELL[†]
Department of Physics, University of Wisconsin, Madison, Wisconsin

(Received 4 November 1964)

I. Introduction

THE paradox of Einstein, Podolsky and Rosen [1] was advanced as an argument that quantum mechanics could not be a complete theory but should be supplemented by additional variables. These additional variables were to restore to the theory causality and locality [2]. In this note that idea will be formulated mathematically and shown to be incompatible with the statistical predictions of quantum mechanics. It is the requirement of locality, or more precisely that the result of a measurement on one system be unaffected by operations on a distant system with which it has interacted in the past, that creates the essential difficulty. There have been attempts [3] to show that even without such a separability or locality requirement no "hidden variable" interpretation of quantum mechanics is possible. These attempts have been examined elsewhere [4] and found wanting. Moreover, a hidden variable interpretation of elementary quantum theory [5] has been explicitly constructed. That particular interpretation has indeed a grossly non-local structure. This is characteristic, according to the result to be proved here, of any such theory which reproduces exactly the quantum mechanical predictions.

II. Formulation

With the example advocated by Bohm and Aharonov [6], the EPR argument is the following. Consider a pair of spin one-half particles formed somehow in the singlet spin state and moving freely in opposite directions. Measurements can be made, say by Stern-Gerlach magnets, on selected components of the spins $\vec{\sigma}_1$ and $\vec{\sigma}_2$. If measurement of the component $\vec{\sigma}_1 \cdot \vec{a}$, where $\vec{a}$ is some unit vector, yields the value +1 then, according to quantum mechanics, measurement of $\vec{\sigma}_2 \cdot \vec{a}$ must yield the value −1 and vice versa. Now we make the hypothesis [2], and it seems one at least worth considering, that if the two measurements are made at places remote from one another the orientation of one magnet does not influence the result obtained with the other. Since we can predict in advance the result of measuring any chosen component of $\vec{\sigma}_2$, by previously measuring the same component of $\vec{\sigma}_1$, it follows that the result of any such measurement must actually be predetermined. Since the initial quantum mechanical wave function does *not* determine the result of an individual measurement, this predetermination implies the possibility of a more complete specification of the state.

Let this more complete specification be effected by means of parameters λ. It is a matter of indifference in the following whether λ denotes a single variable or a set, or even a set of functions, and whether the variables are discrete or continuous. However, we write as if λ were a single continuous parameter. The result A of measuring $\vec{\sigma}_1 \cdot \vec{a}$ is then determined by $\vec{a}$ and λ, and the result B of measuring $\vec{\sigma}_2 \cdot \vec{b}$ in the same instance is determined by $\vec{b}$ and λ, and

---

*Work supported in part by the U.S. Atomic Energy Commission
[†]On leave of absence from SLAC and CERN

$$A(\vec{a}, \lambda) = \pm 1, \ B(\vec{b}, \lambda) = \pm 1. \tag{1}$$

The vital assumption [2] is that the result B for particle 2 does not depend on the setting $\vec{a}$, of the magnet for particle 1, nor A on $\vec{b}$.

If $\rho(\lambda)$ is the probability distribution of λ then the expectation value of the product of the two components $\vec{\sigma}_1 \cdot \vec{a}$ and $\vec{\sigma}_2 \cdot \vec{b}$ is

$$P(\vec{a}, \vec{b}) = \int d\lambda \rho(\lambda) A(\vec{a}, \lambda) B(\vec{b}, \lambda) \tag{2}$$

This should equal the quantum mechanical expectation value, which for the singlet state is

$$<\vec{\sigma}_1 \cdot \vec{a} \ \vec{\sigma}_2 \cdot \vec{b}> = -\vec{a} \cdot \vec{b}. \tag{3}$$

But it will be shown that this is not possible.

Some might prefer a formulation in which the hidden variables fall into two sets, with A dependent on one and B on the other; this possibility is contained in the above, since λ stands for any number of variables and the dependences thereon of A and B are unrestricted. In a complete physical theory of the type envisaged by Einstein, the hidden variables would have dynamical significance and laws of motion; our λ can then be thought of as initial values of these variables at some suitable instant.

III. Illustration

The proof of the main result is quite simple. Before giving it, however, a number of illustrations may serve to put it in perspective.

Firstly, there is no difficulty in giving a hidden variable account of spin measurements on a single particle. Suppose we have a spin half particle in a pure spin state with polarization denoted by a unit vector $\vec{p}$. Let the hidden variable be (for example) a unit vector $\vec{\lambda}$ with uniform probability distribution over the hemisphere $\vec{\lambda} \cdot \vec{p} > 0$. Specify that the result of measurement of a component $\vec{\sigma} \cdot \vec{a}$ is

$$\text{sign } \vec{\lambda} \cdot \vec{a}', \tag{4}$$

where $\vec{a}'$ is a unit vector depending on $\vec{a}$ and $\vec{p}$ in a way to be specified, and the sign function is $+1$ or -1 according to the sign of its argument. Actually this leaves the result undetermined when $\lambda \cdot \vec{a}' = 0$, but as the probability of this is zero we will not make special prescriptions for it. Averaging over $\vec{\lambda}$ the expectation value is

$$<\vec{\sigma} \cdot \vec{a}> = 1 - 2\theta'/\pi, \tag{5}$$

where θ' is the angle between $\vec{a}'$ and $\vec{p}$. Suppose then that $\vec{a}'$ is obtained from $\vec{a}$ by rotation towards $\vec{p}$ until

$$1 - \frac{2\theta'}{\pi} = \cos \theta \tag{6}$$

where θ is the angle between $\vec{a}$ and $\vec{p}$. Then we have the desired result

$$<\vec{\sigma} \cdot \vec{a}> = \cos \theta \tag{7}$$

So in this simple case there is no difficulty in the view that the result of every measurement is determined by the value of an extra variable, and that the statistical features of quantum mechanics arise because the value of this variable is unknown in individual instances.

Secondly, there is no difficulty in reproducing, in the form (2), the only features of (3) commonly used in verbal discussions of this problem:

$$P(\vec{a}, \vec{a}) = -P(\vec{a}, -\vec{a}) = -1 \\ P(\vec{a}, \vec{b}) = 0 \text{ if } \vec{a} \cdot \vec{b} = 0 \Bigg\} \quad (8)$$

For example, let λ now be unit vector $\vec{\lambda}$, with uniform probability distribution over all directions, and take

$$A(\vec{a}, \vec{\lambda}) = \text{sign } \vec{a} \cdot \vec{\lambda} \\ B(a, b) = -\text{sign } \vec{b} \cdot \vec{\lambda} \Bigg\} \quad (9)$$

This gives

$$P(\vec{a}, \vec{b}) = -1 + \frac{2}{\pi} \theta, \quad (10)$$

where θ is the angle between a and b, and (10) has the properties (8). For comparison, consider the result of a modified theory [6] in which the pure singlet state is replaced in the course of time by an isotropic mixture of product states; this gives the correlation function

$$-\frac{1}{3} \vec{a} \cdot \vec{b} \quad (11)$$

It is probably less easy, experimentally, to distinguish (10) from (3), than (11) from (3).

Unlike (3), the function (10) is not stationary at the minimum value -1 (at $\theta = 0$). It will be seen that this is characteristic of functions of type (2).

Thirdly, and finally, there is no difficulty in reproducing the quantum mechanical correlation (3) if the results A and B in (2) are allowed to depend on $\vec{b}$ and $\vec{a}$ respectively as well as on $\vec{a}$ and $\vec{b}$. For example, replace $\vec{a}$ in (9) by $\vec{a}'$, obtained from $\vec{a}$ by rotation towards $\vec{b}$ until

$$1 - \frac{2}{\pi} \theta' = \cos \theta,$$

where θ' is the angle between $\vec{a}'$ and $\vec{b}$. However, for given values of the hidden variables, the results of measurements with one magnet now depend on the setting of the distant magnet, which is just what we would wish to avoid.

IV. Contradiction

The main result will now be proved. Because ρ is a normalized probability distribution,

$$\int d\lambda \rho(\lambda) = 1, \quad (12)$$

and because of the properties (1), P in (2) cannot be less than -1. It can reach -1 at $\vec{a} = \vec{b}$ only if

$$A(\vec{a}, \lambda) = -B(\vec{a}, \lambda) \quad (13)$$

except at a set of points λ of zero probability. Assuming this, (2) can be rewritten

$$P(\vec{a}, \vec{b}) = -\int d\lambda \rho(\lambda) A(\vec{a}, \lambda) A(\vec{b}, \lambda). \quad (14)$$

It follows that $\vec{c}$ is another unit vector

$$P(\vec{a},\vec{b}) - P(\vec{a},\vec{c}) = -\int d\lambda \rho(\lambda) \left[A(\vec{a},\lambda) A(\vec{b},\lambda) - A(\vec{a},\lambda) A(\vec{c},\lambda) \right]$$
$$= \int d\lambda \rho(\lambda) A(\vec{a},\lambda) A(\vec{b},\lambda) \left[A(\vec{b},\lambda) A(\vec{c},\lambda) - 1 \right]$$

using (1), whence

$$|P(\vec{a},\vec{b}) - P(\vec{a},\vec{c})| \leq \int d\lambda \rho(\lambda) \left[1 - A(\vec{b},\lambda) A(\vec{c},\lambda) \right]$$

The second term on the right is $P(\vec{b},\vec{c})$, whence

$$1 + P(\vec{b},\vec{c}) \geq |P(\vec{a},\vec{b}) - P(\vec{a},\vec{c})| \tag{15}$$

Unless P is constant, the right hand side is in general of order $|\vec{b}-\vec{c}|$ for small $|\vec{b}-\vec{c}|$. Thus $P(\vec{b},\vec{c})$ cannot be stationary at the minimum value (-1 at $\vec{b} = \vec{c}$) and cannot equal the quantum mechanical value (3).

Nor can the quantum mechanical correlation (3) be arbitrarily closely approximated by the form (2). The formal proof of this may be set out as follows. We would not worry about failure of the approximation at isolated points, so let us consider instead of (2) and (3) the functions

$$\bar{P}(\vec{a},\vec{b}) \text{ and } \overline{-\vec{a}\cdot\vec{b}}$$

where the bar denotes independent averaging of $P(\vec{a}',\vec{b}')$ and $-\vec{a}'\cdot\vec{b}'$ over vectors $\vec{a}'$ and $\vec{b}'$ within specified small angles of $\vec{a}$ and $\vec{b}$. Suppose that for all $\vec{a}$ and $\vec{b}$ the difference is bounded by ϵ:

$$|\bar{P}(\vec{a},\vec{b}) + \overline{\vec{a}\cdot\vec{b}}| \leq \epsilon \tag{16}$$

Then it will be shown that ϵ cannot be made arbitrarily small.

Suppose that for all a and b

$$|\overline{\vec{a}\cdot\vec{b}} - \vec{a}\cdot\vec{b}| \leq \delta \tag{17}$$

Then from (16)

$$|\bar{P}(\vec{a},\vec{b}) + \vec{a}\cdot\vec{b}| \leq \epsilon + \delta \tag{18}$$

From (2)

$$\bar{P}(\vec{a},\vec{b}) = \int d\lambda \rho(\lambda) \bar{A}(\vec{a},\lambda) \bar{B}(\vec{b},\lambda) \tag{19}$$

where

$$|\bar{A}(\vec{a},\lambda)| \leq 1 \text{ and } |\bar{B}(\vec{b},\lambda)| \leq 1 \tag{20}$$

From (18) and (19), with $\vec{a} = \vec{b}$,

$$\int d\lambda \rho(\lambda) \left[\bar{A}(\vec{b},\lambda) \bar{B}(\vec{b},\lambda) + 1 \right] \leq \epsilon + \delta \tag{21}$$

From (19)

$$\bar{P}(\vec{a},\vec{b}) - \bar{P}(\vec{a},\vec{c}) = \int d\lambda \rho(\lambda) \left[\bar{A}(\vec{a},\lambda) \bar{B}(\vec{b},\lambda) - \bar{A}(\vec{a},\lambda) \bar{B}(\vec{c},\lambda) \right]$$
$$= \int d\lambda \rho(\lambda) \bar{A}(\vec{a},\lambda) \bar{B}(\vec{b},\lambda) \left[1 + \bar{A}(\vec{b},\lambda) \bar{B}(\vec{c},\lambda) \right]$$
$$- \int d\lambda \rho(\lambda) \bar{A}(\vec{a},\lambda) \bar{B}(\vec{c},\lambda) \left[1 + \bar{A}(\vec{b},\lambda) \bar{B}(\vec{b},\lambda) \right]$$

Using (20) then

$$|\bar{P}(\vec{a},\vec{b}) - \bar{P}(\vec{a},\vec{c})| \leq \int d\lambda\,\rho(\lambda)\,[1 + \bar{A}(\vec{b},\lambda)\,\bar{B}(\vec{c},\lambda)]$$
$$+ \int d\lambda\,\rho(\lambda)\,[1 + \bar{A}(\vec{c},\lambda)\,\bar{B}(\vec{b},\lambda)]$$

Then using (19) and 21)

$$|\bar{P}(\vec{a},\vec{b}) - \bar{P}(\vec{a},\vec{c})| \leq 1 + \bar{P}(\vec{b},\vec{c}) + \epsilon + \delta$$

Finally, using (18),

$$|\vec{a}\cdot\vec{c} - \vec{a}\cdot\vec{b}| - 2(\epsilon + \delta) \leq 1 - \vec{b}\cdot\vec{c} + 2(\epsilon + \delta)$$

or

$$4(\epsilon + \delta) \geq |\vec{a}\cdot\vec{c} - \vec{a}\cdot\vec{b}| + \vec{b}\cdot\vec{c} - 1 \tag{22}$$

Take for example $\vec{a}\cdot\vec{c} = 0$, $\vec{a}\cdot\vec{b} = \vec{b}\cdot\vec{c} = 1/\sqrt{2}$ Then

$$4(\epsilon + \delta) \geq \sqrt{2} - 1$$

Therefore, for small finite δ, ϵ cannot be arbitrarily small.

Thus, the quantum mechanical expectation value cannot be represented, either accurately or arbitrarily closely, in the form (2).

V. Generalization

The example considered above has the advantage that it requires little imagination to envisage the measurements involved actually being made. In a more formal way, assuming [7] that any Hermitian operator with a complete set of eigenstates is an "observable", the result is easily extended to other systems. If the two systems have state spaces of dimensionality greater than 2 we can always consider two dimensional subspaces and define, in their direct product, operators $\vec{\sigma}_1$ and $\vec{\sigma}_2$ formally analogous to those used above and which are zero for states outside the product subspace. Then for at least one quantum mechanical state, the "singlet" state in the combined subspaces, the statistical predictions of quantum mechanics are incompatible with separable predetermination.

VI. Conclusion

In a theory in which parameters are added to quantum mechanics to determine the results of individual measurements, without changing the statistical predictions, there must be a mechanism whereby the setting of one measuring device can influence the reading of another instrument, however remote. Moreover, the signal involved must propagate instantaneously, so that such a theory could not be Lorentz invariant.

Of course, the situation is different if the quantum mechanical predictions are of limited validity. Conceivably they might apply only to experiments in which the settings of the instruments are made sufficiently in advance to allow them to reach some mutual rapport by exchange of signals with velocity less than or equal to that of light. In that connection, experiments of the type proposed by Bohm and Aharonov [6], in which the settings are changed during the flight of the particles, are crucial.

I am indebted to Drs. M. Bander and J. K. Perring for very useful discussions of this problem. The first draft of the paper was written during a stay at Brandeis University; I am indebted to colleagues there and at the University of Wisconsin for their interest and hospitality.

References

1. A. EINSTEIN, N. ROSEN and B. PODOLSKY, *Phys. Rev.* **47**, 777 (1935); see also N. BOHR, *Ibid.* **48**, 696 (1935), W. H. FURRY, *Ibid.* **49**, 393 and 476 (1936), and D. R. INGLIS, *Rev. Mod. Phys.* **33**, 1 (1961).
2. "But on one supposition we should, in my opinion, absolutely hold fast: the real factual situation of the system S_2 is independent of what is done with the system S_1, which is spatially separated from the former." A. EINSTEIN in *Albert Einstein, Philosopher Scientist*, (Edited by P. A. SCHILP) p. 85, Library of Living Philosophers, Evanston, Illinois (1949).
3. J. VON NEUMANN, *Mathematishe Grundlagen der Quanten-mechanik*. Verlag Julius-Springer, Berlin (1932), [English translation: Princeton University Press (1955)]; J. M. JAUCH and C. PIRON, *Helv. Phys. Acta* **36**, 827 (1963).
4. J. S. BELL, to be published.
5. D. BOHM, *Phys. Rev.* **85**, 166 and 180 (1952).
6. D. BOHM and Y. AHARONOV, *Phys. Rev.* **108**, 1070 (1957).
7. P. A. M. DIRAC, *The Principles of Quantum Mechanics* (3rd Ed.) p. 37. The Clarendon Press, Oxford (1947).

Experimental Realization of Einstein-Podolsky-Rosen-Bohm *Gedankenexperiment*: A New Violation of Bell's Inequalities

Alain Aspect, Philippe Grangier, and Gérard Roger

Institut d'Optique Théorique et Appliquée, Laboratoire associé au Centre National de la Recherche Scientifique, Université Paris-Sud, F-91406 Orsay, France

(Received 30 December 1981)

> The linear-polarization correlation of pairs of photons emitted in a radiative cascade of calcium has been measured. The new experimental scheme, using two-channel polarizers (i.e., optical analogs of Stern-Gerlach filters), is a straightforward transposition of Einstein-Podolsky-Rosen-Bohm *gedankenexperiment*. The present results, in excellent agreement with the quantum mechanical predictions, lead to the greatest violation of generalized Bell's inequalities ever achieved.

PACS numbers: 03.65.Bz, 35.80.+s

In the well-known Einstein-Podolsky-Bohm *gedankenexperiment*[1] (Fig. 1), a source emits pairs of spin-$\frac{1}{2}$ particles, in a singlet state (or pairs of photons in a similar nonfactorizing state). After the particles have separated, one performs correlated measurements of their spin components along arbitrary directions $\vec{a}$ and $\vec{b}$. Each measurement can yield two results, denoted ±1; for photons, a measurement along $\vec{a}$ yields the result +1 if the polarization is found parallel to $\vec{a}$, and −1 if the polarization is found perpendicular. For a singlet state, quantum mechanics predicts some correlation between such measurements on the two particles. Let us denote by $P_{\pm\pm}(\vec{a},\vec{b})$ the probabilities of obtaining the result ±1 along $\vec{a}$ (particle 1) and ±1 along $\vec{b}$ (particle 2). The quantity

$$E(\vec{a},\vec{b}) = P_{++}(\vec{a},\vec{b}) + P_{--}(\vec{a},\vec{b}) - P_{+-}(\vec{a},\vec{b}) - P_{-+}(\vec{a},\vec{b}) \tag{1}$$

is the correlation coefficient of the measurements on the two particles. Bell[2] considered theories explaining such correlations as due to common properties of both particles of the same pair; adding a locality assumption, he showed that they are constrained by certain inequalities that are not always obeyed by the predictions of quantum mechanics. Such theories are called[3] "realistic local theories" and they lead to the generalized Bell's inequalities[4]

$$-2 \leq S \leq 2, \tag{2}$$

where

$$S = E(\vec{a},\vec{b}) - E(\vec{a},\vec{b}') + E(\vec{a}',\vec{b}) + E(\vec{a}',\vec{b}')$$

involves four measurements in four various orientations. On the other hand, for suitable sets of orientations,[4] the quantum mechanical predictions can reach the values $S = \pm 2\sqrt{2}$, in clear contradiction with (2): Quantum mechanics cannot be completed by an underlying structure such as "realistic local theories."

Several experiments with increasing accuracy have been performed, and they clearly favor quantum mechanics.[3,5] Unfortunately, none allowed a direct test using inequalities (2), since none followed the scheme of Fig. 1 closely enough. Some experiments were performed with pairs of photons (or of protons). But no efficient analyzers are available at such energies, and the results that would have been obtained with ideal polarizers are deduced indirectly from Compton scattering experiments. The validity of such a procedure in the context of Bell's theorem has been criticized.[3,6]

There are also experiments with pairs of low-energy photons emitted in atomic radiative cascades. True polarizers are available in the visible range. However, all previous experiments involved single-channel analyzers, transmitting one polarization ($\vec{a}$ or $\vec{b}$) and blocking the orthog-

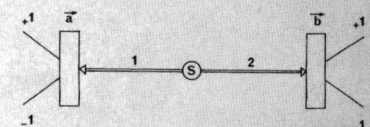

FIG. 1. Einstein-Podolsky-Rosen-Bohm *gedankenexperiment*. Two-spin-$\frac{1}{2}$ particles (or photons) in a singlet state (or similar) separate. The spin components (or linear polarizations) of 1 and 2 are measured along $\vec{a}$ and $\vec{b}$. Quantum mechanics predicts strong correlations between these measurements.

onal one. The measured quantities were thus only the coincidence rates in +1 channels: $R_{++}(\vec{a},\vec{b})$. Several difficulties then arise[3] as a result of the very low efficiency of the detection system (the photomultipliers have low quantum efficiencies and the angular acceptance is small). The measurements of polarization are inherently incomplete: When a pair has been emitted, if no count is obtained at one of the photomultipliers, there is no way to know whether it has been missed by the (low-efficiency) detector or whether it has been blocked by the polarizer (only the latter case would be a real polarization measurement). Thus, coincidence counting rates such as $R_{+-}(\vec{a},\vec{b})$ or $R_{--}(\vec{a},\vec{b})$ cannot be measured directly. It is nevertheless possible to derive from the experimental data numerical quantities which can (according to quantum mechanics) possibly violate Bell-type inequalities. For this purpose, one has to resort to auxiliary experiments, where coincidence rates are measured with one or both polarizers removed. Some reasoning, with a few additional—and very natural—assumptions (such as the "no-enhancement" assumption of Clauser and Horne[7]), then allows one to obtain actually operational inequalities.

In this Letter, we report the results of an experiment following much more closely the ideal

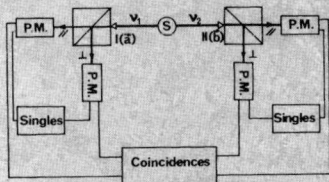

FIG. 2. Experimental setup. Two polarimeters I and II, in orientations $\vec{a}$ and $\vec{b}$, perform true dichotomic measurements of linear polarization on photons ν_1 and ν_2. Each polarimeter is rotatable around the axis of the incident beam. The counting electronics monitors the singles and the coincidences.

scheme of Fig. 1. True dichotomic polarization measurements on visible photons have been performed by replacing ordinary polarizers by two-channel polarizers, separating two orthogonal linear polarizations, followed by two photomultipliers (Fig. 2). The polarization measurements then become very similar to usual Stern-Gerlach measurements for spin-$\frac{1}{2}$ particles.[8]

Using a fourfold coincidence technique, we measure in a single run the four coincidence rates $R_{\pm\pm}(\vec{a},\vec{b})$, yielding directly the correlation coefficient for the measurements along $\vec{a}$ and $\vec{b}$:

$$E(\vec{a},\vec{b}) = \frac{R_{++}(\vec{a},\vec{b}) + R_{--}(\vec{a},\vec{b}) - R_{+-}(\vec{a},\vec{b}) - R_{-+}(\vec{a},\vec{b})}{R_{++}(a,b) + R_{--}(a,b) + R_{+-}(a,b) + R_{-+}(a,b)}. \quad (3)$$

It is then sufficient to repeat the same measurements for three other choices of orientations, and inequalities (2) can directly be used as a test of realistic local theories versus quantum mechanics. This procedure is sound if the measured values (3) of the correlation coefficients can be taken equal to the definition (1), i.e., if we assume that the ensemble of actually detected pairs is a faithful sample of all emitted pairs. This assumption is highly reasonable with our very symmetrical scheme, where the two measurement results +1 and −1 are treated in the same way (the detection effiencies in both channels of a polarizer are equal). All data are collected in very similar experimental conditions, the only changes being rotations of the polarizers.

Such a procedure allows us not only to suppress possible systematic errors (e.g., changes occurring when removing the polarizers) but also to control more experimental parameters. For instance, we have checked that the sum of the coincidence rates of one photomultiplier with both photomultipliers on the other side is constant. We have also observed that the sum of the four coincidence rates $R_{\pm\pm}(\vec{a},\vec{b})$ is constant when changing the orientations; thus the size of the selected sample is found constant.

We have used the high-efficiency source previously described.[5] A $(J=0) \to (J=1) \to (J=0)$ cascade in calcium-40 is selectively excited by two-photon absorption, with use of two single-mode lasers. Pairs of photons (at wavelengths $\lambda_1 = 551.3$ nm and $\lambda_2 = 422.7$ nm) correlated in polarization are emitted at a typical rate of 5×10^7 s^{-1}. The polarizers are polarizing cubes (Fig. 2) made of two prisms with suitable dielectric thin films on the sides stuck together; the faces are antirefelction coated. Cube I transmits light polarized in the incidence plane onto the active hypotenuse (parallel polarization, along $\vec{a}$) while it reflects the orthogonal polarization (perpendicular polarization). Cube II works similarly. For actual polarizers we define transmission and reflection coefficients: $T^{\|}$ and $R^{\perp}$ are close to 1, while $T^{\perp}$ and $R^{\|}$ are close to 0. The measured values of our devices are $T_1{}^{\|} = R_1{}^{\perp} = 0.950$ and $T_1{}^{\perp} = R_1{}^{\|} = 0.007$ at λ_1; $T_2{}^{\|} = R_2{}^{\perp} = 0.930$ and $T_2{}^{\perp} = R_2{}^{\|} = 0.007$ at λ_2 (all values are ±0.005). Each polarizer is mounted in a rotatable mechanism holding two photomultipliers; we call the ensemble a polarimeter. The gains of the two photomultipliers are adjusted for the equality of the counting detection efficiencies in both channels of a polarimeter (2×10^{-3} at 422 nm, 10^{-3} at 551 nm). Typical single rates (over 10^4 s^{-1}) are high compared with dark rates (10^2 s^{-1}). Wavelength filters at 422 or 551 nm are mounted in front of each photomultiplier. The fourfold coincidence electronics includes four overlap-type coincidence circuits. Each coincidence window, about 20 ns wide, has been accurately measured. Since they are large compared to the lifetime of the intermediate state of the cascade (5 ns) all true coincidences are registered. We infer the accidental coincidence rates from the corresponding single rates, knowing the widths of the windows. This method is valid with our very stable source, and it has been checked by comparing it with the methods of Ref. 5, using delayed coincidence channels and/or a time-to-amplitude converter. By subtraction of these accidental rates (about 10 s^{-1}) from the total rates, we obtain the true coincidence rates $R_{\pm\pm}(\vec{a},\vec{b})$ (actual values are in the range 0–40 s^{-1}, depending on the orientations). A run lasts 100 s, and $E(\vec{a},\vec{b})$ derived from Eq. (3) is measured with a typical statistical accuracy of ±0.02 (the sum of the four coincidence rates is typically 80 s^{-1}).

It is well known that the greatest conflict between quantum mechanical predictions and the inequalities (2) is expected for the set of orientations $(\vec{a},\vec{b}) = (\vec{b},\vec{a}') = (\vec{a}',\vec{b}') = 22.5°$ and $(\vec{a},\vec{b}') = 67.5°$. Five runs have been performed at each of these orientations; the average yields

$$S_{\text{expt}} = 2.697 \pm 0.015. \qquad (4)$$

The indicated uncertainty is the standard deviation accounting for the Poisson law in photon counting. The impressive violation of inequalities (2) is 83% of the maximum violation predicted by quantum mechanics with ideal polarizers (the largest violation of generalized Bell's inequalities previously reported was 55% of the predicted violation in the ideal case[5]).

With symmetrical polarimeters, quantum mech-

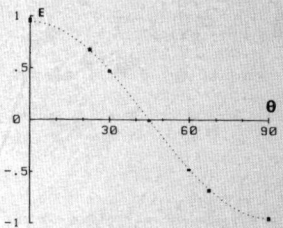

FIG. 3. Correlation of polarizations as a function of the relative angle of the polarimeters. The indicated errors are ±2 standard deviations. The dotted curve is not a fit to the data, but quantum mechanical predictions for the actual experiment. For ideal polarizers, the curve would reach the values ±1.

anics predicts

$$E(\vec{a},\vec{b}) = F \frac{(T_1{}^{\|} - T_1{}^{\perp})(T_2{}^{\|} - T_2{}^{\perp})}{(T_1{}^{\|} + T_1{}^{\perp})(T_2{}^{\|} + T_2{}^{\perp})} \cos 2(\vec{a},\vec{b}). \qquad (5)$$

($F = 0.984$ in our case; it accounts for the finite solid angles of detection.) Thus, for our experiment,

$$S_{\text{QM}} = 2.70 \pm 0.05. \qquad (6)$$

The indicated uncertainty accounts for a slight lack of symmetry between both channels of a polarimeter: We have found a variation of ±1% of the detection efficiencies when rotating the polarimeters. This spurious effect has been explained as small displacements of the light beam impinging onto the photocathode. The effect of these variations on the quantum mechanical predictions has been computed, and cannot create a variation of S_{QM} greater than 2‰.[9]

Figure 3 shows a comparison of our results with the predictions of quantum mechanics. Here, for each relative orientation $\theta = (\vec{a},\vec{b})$, we have averaged several measurements in different absolute orientations of the polarimeters; this procedure averages out the effect of the slight variations of the detection efficiencies with orientation. The agreement with quantum mechanics is better than 1%.

In conclusion, our experiment yields the strongest violation of Bell's inequalities ever achieved, and excellent agreement with quantum mechanics. Since it is a straightforward transposition of the ideal Einstein-Podolsky-Rosen-Bohm scheme, the experimental procedure is very simple, and needs no auxiliary measurements as in previous experiments with single-channel polarizers. We are thus led to the rejection of realistic local theories if we accept the assumption that there is no bias in the detected samples: Experiments support this natural assumption.

Only two loopholes remain open for advocates of realistic theories without action at a distance.[10] The first one, exploiting the low efficiencies of detectors, could be ruled out by a feasible experiment.[11] The second one, exploiting the static character of all previous experiments, could also be ruled out by a "timing experiment" with variable analyzers[12] now in progress.

The authors acknowledge many valuable discussions with F. Laloë about the principle of this experiment. They are grateful to C. Imbert who sponsors this work.

---

[1]A. Einstein, B. Podolsky, and N. Rosen, Phys. Rev. 47, 777 (1935); D. J. Bohm, *Quantum Theory* (Prentice-Hall, Englewood Cliffs, N.J., 1951).
[2]J. S. Bell, Physics (N.Y.) 1, 195 (1965).
[3]J. F. Clauser and A. Shimony, Rep. Prog. Phys. 41, 1981 (1978). This paper is an exhaustive review of this question.
[4]J. F. Clauser, M. A. Horne, A. Shimony, and R. A. Holt, Phys. Rev. Lett. 23, 880 (1969).
[5]A. Aspect, P. Grangier, and G. Roger, Phys. Rev. Lett. 47, 460 (1981).
[6]M. Froissart, Nuovo Cimento B64, 241 (1981).
[7]J. F. Clauser and M. A. Horne, Phys. Rev. D 10, 526 (1974).
[8]Such an experimental scheme has been proposed and discussed by several authors: A. Shimony, in *Foundations of Quantum Mechanics*, edited by B. d'Espagnat (Academic, New York, 1972); F. Laloë, private communication; A. Garuccio and V. Rapisarda, Nuovo Cimento A65, 269 (1981); see also Ref. 7. A similar experiment has been undertaken by V. Rapisarda *et al*.
[9]Alternatively, this lack of symmetry can be taken into account in generalized Bell's inequalities similar to inequalities (2). (The demonstration will be published elsewhere.) In our case, the inequalities then become $|S| \le 2.08$. The violation is still impressive.
[10]As in our previous experiments, the polarizers are separated by 13 m. The detection events are thus spacelike separated, and we eliminate the loophole considered by L. Pappalardo and V. Rapidarda, Lett. Nuovo Cimento 29, 221 (1980).
[11]T. K. Lo and A. Shimony, Phys. Rev. A 23, 3003 (1981).
[12]A. Aspect, Phys. Rev. D 14, 1944 (1976).

Hopping Mechanism Generating 1/f Noise in Nonlinear Systems

F. T. Arecchi and F. Lisi

University of Florence and Istituto Nazionale di Ottica, Florence, Italy

(Received 17 February 1982)

It is shown experimentally that a bistable system is driven by a suitable external modulation to a region of random intermittency which displays a low-frequency power-law divergence. This low-frequency divergence is associated with a topological alternation between two strange attractors in phase space, either unsymmetric or fully symmetric depending on whether the two potential valleys are differently or equally located. This picture seems sufficiently general to apply to most cases of low-frequency noise currently reported.

PACS numbers: 05.40.+j, 05.70.Ln

We show evidence of a mechanism responsible for low-frequency excess noise in a nonlinear system. The mechanism seems to be sufficiently general to be a possible explanantion for many physical cases where excess, or 1/f, noise appears, even though we do not pretend to claim full universality.

In order to study the routes to chaos in nonlinear nonequilibrium physical systems we have built a suitable electronic oscillator with a cubic nonlinearity imposed by a selected field-effect transistor device and driven by an external modulation. The internal force law corresponds to a two-valley potential. The dynamical equation for the normalized oscillator output $x(t)$ is

$$\frac{d^2x}{d\tau^2} + k\frac{dx}{d\tau} - x + 4x^3 = A\cos\omega\tau, \qquad (1)$$

where $\tau = \omega_0 t$, ω_0 is the oscillator frequency, ω is the modulation frequency normalized to ω_0,

Experimental quantum teleportation

Dik Bouwmeester, Jian-Wei Pan, Klaus Mattle, Manfred Eibl, Harald Weinfurter & Anton Zeilinger

Institut für Experimentalphysik, Universität Innsbruck, Technikerstr. 25, A-6020 Innsbruck, Austria

---

Quantum teleportation—the transmission and reconstruction over arbitrary distances of the state of a quantum system—is demonstrated experimentally. During teleportation, an initial photon which carries the polarization that is to be transferred and one of a pair of entangled photons are subjected to a measurement such that the second photon of the entangled pair acquires the polarization of the initial photon. This latter photon can be arbitrarily far away from the initial one. Quantum teleportation will be a critical ingredient for quantum computation networks.

The dream of teleportation is to be able to travel by simply reappearing at some distant location. An object to be teleported can be fully characterized by its properties, which in classical physics can be determined by measurement. To make a copy of that object at a distant location one does not need the original parts and pieces—all that is needed is to send the scanned information so that it can be used for reconstructing the object. But how precisely can this be a true copy of the original? What if these parts and pieces are electrons, atoms and molecules? What happens to their individual quantum properties, which according to the Heisenberg's uncertainty principle cannot be measured with arbitrary precision? Bennett *et al.*[1] have suggested that it is possible to transfer the quantum state of a particle onto another particle—the process of quantum teleportation—provided one does not get any information about the state in the course of this transformation. This requirement can be fulfilled by using entanglement, the essential feature of quantum mechanics[2]. It describes correlations between quantum systems much stronger than any classical correlation could be.

The possibility of transferring quantum information is one of the cornerstones of the emerging field of quantum communication and quantum computation[3]. Although there is fast progress in the theoretical description of quantum information processing, the difficulties in handling quantum systems have not allowed an equal advance in the experimental realization of the new proposals. Besides the promising developments of quantum cryptography[4] (the first provably secure way to send secret messages), we have only recently succeeded in demonstrating the possibility of quantum dense coding[5], a way to quantum mechanically enhance data compression. The main reason for this slow experimental progress is that, although there exist methods to produce pairs of entangled photons[6], entanglement has been demonstrated for atoms only very recently[7] and it has not been possible thus far to produce entangled states of more than two quanta.

Here we report the first experimental verification of quantum teleportation. By producing pairs of entangled photons by the process of parametric down-conversion and using two-photon interferometry for analysing entanglement, we could transfer a quantum property (in our case the polarization state) from one photon to another. The methods developed for this experiment will be of great importance both for exploring the field of quantum communication and for future experiments on the foundations of quantum mechanics.

The problem

To make the problem of transferring quantum information clearer, suppose that Alice has some particle in a certain quantum state $|\psi\rangle$ and she wants Bob, at a distant location, to have a particle in that state. There is certainly the possibility of sending Bob the particle directly. But suppose that the communication channel between Alice and Bob is not good enough to preserve the necessary quantum coherence or suppose that this would take too much time, which could easily be the case if $|\psi\rangle$ is the state of a more complicated or massive object. Then, what strategy can Alice and Bob pursue?

As mentioned above, no measurement that Alice can perform on $|\psi\rangle$ will be sufficient for Bob to reconstruct the state because the state of a quantum system cannot be fully determined by measurements. Quantum systems are so evasive because they can be in a superposition of several states at the same time. A measurement on the quantum system will force it into only one of these states—this is often referred to as the projection postulate. We can illustrate this important quantum feature by taking a single photon, which can be horizontally or vertically polarized, indicated by the states $|\leftrightarrow\rangle$ and $|\updownarrow\rangle$. It can even be polarized in the general superposition of these two states

$$|\psi\rangle = \alpha|\leftrightarrow\rangle + \beta|\updownarrow\rangle \qquad (1)$$

where α and β are two complex numbers satisfying $|\alpha|^2 + |\beta|^2 = 1$. To place this example in a more general setting we can replace the states $|\leftrightarrow\rangle$ and $|\updownarrow\rangle$ in equation (1) by $|0\rangle$ and $|1\rangle$, which refer to the states of any two-state quantum system. Superpositions of $|0\rangle$ and $|1\rangle$ are called qubits to signify the new possibilities introduced by quantum physics into information science[8].

If a photon in state $|\psi\rangle$ passes through a polarizing beamsplitter—a device that reflects (transmits) horizontally (vertically) polarized photons—it will be found in the reflected (transmitted) beam with probability $|\alpha|^2$ ($|\beta|^2$). Then the general state $|\psi\rangle$ has been projected either onto $|\leftrightarrow\rangle$ or onto $|\updownarrow\rangle$ by the action of the measurement. We conclude that the rules of quantum mechanics, in particular the projection postulate, make it impossible for Alice to perform a measurement on $|\psi\rangle$ by which she would obtain all the information necessary to reconstruct the state.

The concept of quantum teleportation

Although the projection postulate in quantum mechanics seems to bring Alice's attempts to provide Bob with the state $|\psi\rangle$ to a halt, it was realised by Bennett *et al.*[1] that precisely this projection postulate enables teleportation of $|\psi\rangle$ from Alice to Bob. During teleportation Alice will destroy the quantum state at hand while Bob receives the quantum state, with neither Alice nor Bob obtaining information about the state $|\psi\rangle$. A key role in the teleportation scheme is played by an entangled ancillary pair of particles which will be initially shared by Alice and Bob.

Suppose particle 1 which Alice wants to teleport is in the initial state $|\psi\rangle_1 = \alpha|\leftrightarrow\rangle_1 + \beta|\updownarrow\rangle_1$ (Fig. 1a), and the entangled pair of particles 2 and 3 shared by Alice and Bob is in the state:

$$|\psi^-\rangle_{23} = \frac{1}{\sqrt{2}}\left(|\leftrightarrow\rangle_2|\updownarrow\rangle_3 - |\updownarrow\rangle_2|\leftrightarrow\rangle_3\right) \qquad (2)$$

That entangled pair is a single quantum system in an equal superposition of the states $|\leftrightarrow\rangle_2|\updownarrow\rangle_3$ and $|\updownarrow\rangle_2|\leftrightarrow\rangle_3$. The entangled state contains no information on the individual particles; it only indicates that the two particles will be in opposite states. The important property of an entangled pair is that as soon as a measurement on one of the particles projects it, say, onto $|\leftrightarrow\rangle$ the state of the other one is determined to be $|\updownarrow\rangle$, and vice versa. How could a measurement on one of the particles instantaneously influence the state of the other particle, which can be arbitrarily far away? Einstein, among many other distinguished physicists, could simply not accept this "spooky action at a distance". But this property of entangled states has now been demonstrated by numerous experiments (for reviews, see refs 9, 10).

The teleportation scheme works as follows. Alice has the particle 1 in the initial state $|\psi\rangle_1$ and particle 2. Particle 2 is entangled with particle 3 in the hands of Bob. The essential point is to perform a specific measurement on particles 1 and 2 which projects them onto the entangled state:

$$|\psi^-\rangle_{12} = \frac{1}{\sqrt{2}}\left(|\leftrightarrow\rangle_1|\updownarrow\rangle_2 - |\updownarrow\rangle_1|\leftrightarrow\rangle_2\right) \qquad (3)$$

This is only one of four possible maximally entangled states into which any state of two particles can be decomposed. The projection of an arbitrary state of two particles onto the basis of the four states is called a Bell-state measurement. The state given in equation (3) distinguishes itself from the three other maximally entangled states by the fact that it changes sign upon interchanging particle 1 and particle 2. This unique antisymmetric feature of $|\psi^-\rangle_{12}$ will play an important role in the experimental identification, that is, in measurements of this state.

Quantum physics predicts[1] that once particles 1 and 2 are projected into $|\psi^-\rangle_{12}$, particle 3 is instantaneously projected into the initial state of particle 1. The reason for this is as follows. Because we observe particles 1 and 2 in the state $|\psi^-\rangle_{12}$ we know that whatever the state of particle 1 is, particle 2 must be in the opposite state, that is, in the state orthogonal to the state of particle 1. But we had initially prepared particle 2 and 3 in the state $|\psi^-\rangle_{23}$, which means that particle 2 is also orthogonal to particle 3. This is only possible if particle 3 is in the same state as particle 1 was initially. The final state of particle 3 is therefore:

$$|\psi\rangle_3 = \alpha|\leftrightarrow\rangle_3 + \beta|\updownarrow\rangle_3 \qquad (4)$$

We note that during the Bell-state measurement particle 1 loses its identity because it becomes entangled with particle 2. Therefore the state $|\psi\rangle_1$ is destroyed on Alice's side during teleportation.

This result (equation (4)) deserves some further comments. The transfer of quantum information from particle 1 to particle 3 can happen over arbitrary distances, hence the name teleportation. Experimentally, quantum entanglement has been shown[11] to survive over distances of the order of 10 km. We note that in the teleportation scheme it is not necessary for Alice to know where Bob is. Furthermore, the initial state of particle 1 can be completely unknown not only to Alice but to anyone. It could even be quantum mechanically completely undefined at the time the Bell-state measurement takes place. This is the case when, as already remarked by Bennett et al.[1], particle 1 itself is a member of an entangled pair and therefore has no well-defined properties on its own. This ultimately leads to entanglement swapping[12,13].

It is also important to notice that the Bell-state measurement does not reveal any information on the properties of any of the particles. This is the very reason why quantum teleportation using coherent two-particle superpositions works, while any measurement on one-particle superpositions would fail. The fact that no information whatsoever is gained on either particle is also the reason why quantum teleportation escapes the verdict of the no-cloning theorem[14]. After successful teleportation particle 1 is not available in its original state any more, and therefore particle 3 is not a clone but is really the result of teleportation.

A complete Bell-state measurement can not only give the result that the two particles 1 and 2 are in the antisymmetric state, but with equal probabilities of 25% we could find them in any one of the three other entangled states. When this happens, particle 3 is left in one of three different states. It can then be brought by Bob into the original state of particle 1 by an accordingly chosen transformation, independent of the state of particle 1, after receiving via a classical communication channel the information on which of the Bell-state

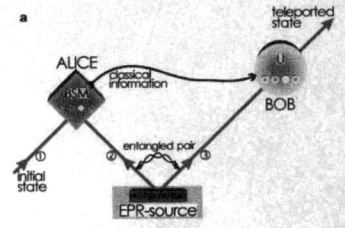

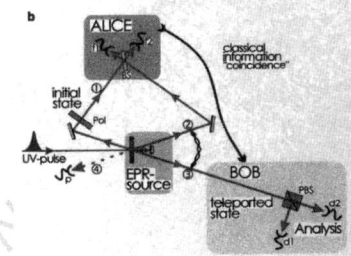

Figure 1 Scheme showing principles involved in quantum teleportation (**a**) and the experimental set-up (**b**). **a**, Alice has a quantum system, particle 1, in an initial state which she wants to teleport to Bob. Alice and Bob also share an ancillary entangled pair of particles 2 and 3 emitted by an Einstein–Podolsky–Rosen (EPR) source. Alice then performs a joint Bell-state measurement (BSM) on the initial particle and one of the ancillaries, projecting them also onto an entangled state. After she has sent the result of her measurement as classical information to Bob, he can perform a unitary transformation (U) on the other ancillary particle resulting in it being in the state of the original particle. **b**, A pulse of ultraviolet radiation passing through a nonlinear crystal creates the ancillary pair of photons 2 and 3. After retroreflection during its second passage through the crystal the ultraviolet pulse creates another pair of photons, one of which will be prepared in the initial state of photon 1 to be teleported, the other one serving as a trigger indicating that a photon to be teleported is under way. Alice then looks for coincidences after a beam splitter BS where the initial photon and one of the ancillaries are superposed. Bob, after receiving the classical information that Alice obtained a coincidence count in detectors f1 and f2 identifying the $|\psi^-\rangle_{12}$ Bell state, knows that his photon 3 is in the initial state of photon 1 which he then can check using polarization analysis with the polarizing beam splitter PBS and the detectors d1 and d2. The detector p provides the information that photon 1 is under way.

results was obtained by Alice. Yet we note, with emphasis, that even if we chose to identify only one of the four Bell states as discussed above, teleportation is successfully achieved, albeit only in a quarter of the cases.

Experimental realization

Teleportation necessitates both production and measurement of entangled states; these are the two most challenging tasks for any experimental realization. Thus far there are only a few experimental techniques by which one can prepare entangled states, and there exist no experimentally realized procedures to identify all four Bell states for any kind of quantum system. However, entangled pairs of photons can readily be generated and they can be projected onto at least two of the four Bell states.

We produced the entangled photons 2 and 3 by parametric down-conversion. In this technique, inside a nonlinear crystal, an incoming pump photon can decay spontaneously into two photons which, in the case of type II parametric down-conversion, are in the state given by equation (2) (Fig. 2)[6].

To achieve projection of photons 1 and 2 into a Bell state we have to make them indistinguishable. To achieve this indistinguishability we superpose the two photons at a beam splitter (Fig. 1b). Then if they are incident one from each side, how can it happen that they emerge still one on each side? Clearly this can happen if they are either both reflected or both transmitted. In quantum physics we have to superimpose the amplitudes for these two possibilities. Unitarity implies that the amplitude for both photons being reflected obtains an additional minus sign. Therefore, it seems that the two processes cancel each other. This is, however, only true for a symmetric input state. For an antisymmetric state, the two possibilities obtain another relative minus sign, and therefore they constructively interfere[15,16]. It is thus sufficient for projecting photons 1 and 2 onto the antisymmetric state $|\psi^-\rangle_{12}$ to place detectors in each of the outputs of the beam splitter and to register simultaneous detections (coincidence)[17–19].

To make sure that photons 1 and 2 cannot be distinguished by their arrival times, they were generated using a pulsed pump beam and sent through narrow-bandwidth filters producing a coherence time much longer than the pump pulse length[20]. In the experiment, the pump pulses had a duration of 200 fs at a repetition rate of 76 MHz. Observing the down-converted photons at a wavelength of 788 nm and a bandwidth of 4 nm results in a coherence time of 520 fs. It should be mentioned that, because photon 1 is also produced as part of an entangled pair, its partner can serve to indicate that it was emitted.

How can one experimentally prove that an unknown quantum state can be teleported? First, one has to show that teleportation works for a (complete) basis, a set of known states into which any other state can be decomposed. A basis for polarization states has just two components, and in principle we could choose as the basis horizontal and vertical polarization as emitted by the source. Yet this would not demonstrate that teleportation works for any general superposition, because these two directions are preferred directions in our experiment. Therefore, in the first demonstration we choose as the basis for teleportation the two states linearly polarized at −45° and +45° which are already superpositions of the horizontal and vertical polarizations. Second, one has to show that teleportation works for superpositions of these base states. Therefore we also demonstrate teleportation for circular polarization.

Results

In the first experiment photon 1 is polarized at 45°. Teleportation should work as soon as photon 1 and 2 are detected in the $|\psi^-\rangle_{12}$ state, which occurs in 25% of all possible cases. The $|\psi^-\rangle_{12}$ state is identified by recording a coincidence between two detectors, f1 and f2, placed behind the beam splitter (Fig. 1b).

If we detect a f1f2 coincidence (between detectors f1 and f2), then photon 3 should also be polarized at 45°. The polarization of photon 3 is analysed by passing it through a polarizing beam splitter selecting +45° and −45° polarization. To demonstrate teleportation, only detector d2 at the +45° output of the polarizing beam splitter should click (that is, register a detection) once detectors f1 and f2 click. Detector d1 at the −45° output of the polarizing beam splitter should not detect a photon. Therefore, recording a three-fold coincidence d2f1f2 (+45° analysis) together with the absence of a three-fold coincidence d1f1f2 (−45° analysis) is a proof that the polarization of photon 1 has been teleported to photon 3.

To meet the condition of temporal overlap, we change in small

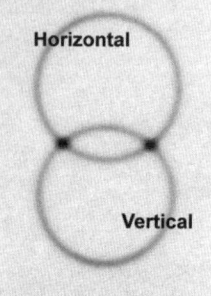

Figure 2 Photons emerging from type II down-conversion (see text). Photograph taken perpendicular to the propagation direction. Photons are produced in pairs. A photon on the top circle is horizontally polarized while its exactly opposite partner in the bottom circle is vertically polarized. At the intersection points their polarizations are undefined; all that is known is that they have to be different, which results in entanglement.

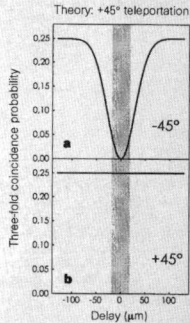

Figure 3 Theoretical prediction for the three-fold coincidence probability between the two Bell-state detectors (f1, f2) and one of the detectors analysing the teleported state. The signature of teleportation of a photon polarization state at +45° is a dip to zero at zero delay in the three-fold coincidence rate with the detector analysing −45° (d1f1f2) (**a**) and a constant value for the detector analysis +45° (d2f1f2) (**b**). The shaded area indicates the region of teleportation.

steps the arrival time of photon 2 by changing the delay between the first and second down-conversion by translating the retroreflection mirror (Fig. 1b). In this way we scan into the region of temporal overlap at the beam splitter so that teleportation should occur.

Outside the region of teleportation, photon 1 and 2 each will go either to f1 or to f2 independent of one another. The probability of having a coincidence between f1 and f2 is therefore 50%, which is twice as high as inside the region of teleportation. Photon 3 should not have a well-defined polarization because it is part of an entangled pair. Therefore, d1 and d2 have both a 50% chance of receiving photon 3. This simple argument yields a 25% probability both for the −45° analysis (d1f1f2 coincidences) and for the +45° analysis (d2f1f2 coincidences) outside the region of teleportation. Figure 3 summarizes the predictions as a function of the delay. Successful teleportation of the +45° polarization state is then characterized by a decrease to zero in the −45° analysis (Fig. 3a), and by a constant value for the +45° analysis (Fig. 3b).

The theoretical prediction of Fig. 3 may easily be understood by realizing that at zero delay there is a decrease to half in the coincidence rate for the two detectors of the Bell-state analyser, f1 and f2, compared with outside the region of teleportation. Therefore, if the polarization of photon 3 were completely uncorrelated to the others the three-fold coincidence should also show this dip to half. That the right state is teleported is indicated by the fact that the dip goes to zero in Fig. 3a and that it is filled to a flat curve in Fig. 3b.

We note that equally as likely as the production of photons 1, 2 and 3 is the emission of two pairs of down-converted photons by a single source. Although there is no photon coming from the first source (photon 1 is absent), there will still be a significant contribution to the three-fold coincidence rates. These coincidences have nothing to do with teleportation and can be identified by blocking the path of photon 1.

The probability for this process to yield spurious two- and three-fold coincidences can be estimated by taking into account the experimental parameters. The experimentally determined value for the percentage of spurious three-fold coincidences is 68% ± 1%. In the experimental graphs of Fig. 4 we have subtracted the experimentally determined spurious coincidences.

The experimental results for teleportation of photons polarized under +45° are shown in the left-hand column of Fig. 4; Fig. 4a and b should be compared with the theoretical predictions shown in Fig. 3. The strong decrease in the −45° analysis, and the constant signal for the +45° analysis, indicate that photon 3 is polarized along the direction of photon 1, confirming teleportation.

The results for photon 1 polarized at −45° demonstrate that teleportation works for a complete basis for polarization states (right-hand column of Fig. 4). To rule out any classical explanation for the experimental results, we have produced further confirmation that our procedure works by additional experiments. In these experiments we teleported photons linearly polarized at 0° and at 90°, and also teleported circularly polarized photons. The experimental results are summarized in Table 1, where we list the visibility of the dip in three-fold coincidences, which occurs for analysis orthogonal to the input polarization.

As mentioned above, the values for the visibilities are obtained after subtracting the offset caused by spurious three-fold coincidences. These can experimentally be excluded by conditioning the three-fold coincidences on the detection of photon 4, which effectively projects photon 1 into a single-particle state. We have performed the four-fold coincidence measurement for the case of teleportation of the +45° and +90° polarization states, that is, for two non-orthogonal

Table 1 Visibility of teleportation in three fold coincidences

Polarization	Visibility
+45°	0.63 ± 0.02
−45°	0.64 ± 0.02
0°	0.66 ± 0.02
90°	0.61 ± 0.02
Circular	0.57 ± 0.02

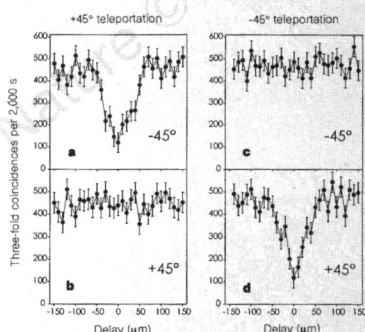

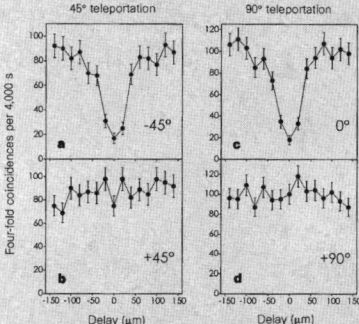

Figure 4 Experimental results. Measured three-fold coincidence rates d1f1f2 (−45°) and d2f1f2 (+45°) in the case that the photon state to be teleported is polarized at +45° (**a** and **b**) or at −45° (**c** and **d**). The coincidence rates are plotted as function of the delay between the arrival of photon 1 and 2 at Alice's beam splitter (see Fig. 1b). The three-fold coincidence rates are plotted after subtracting the spurious three-fold contribution (see text). These data, compared with Fig. 3, together with similar ones for other polarizations (Table 1) confirm teleportation for an arbitrary state.

Figure 5 Four-fold coincidence rates (without background subtraction). Conditioning the three-fold coincidences as shown in Fig. 4 on the registration of photon 4 (see Fig. 1b) eliminates the spurious three-fold background. **a** and **b** show the four-fold coincidence measurements for the case of teleportation of the +45° polarization state; **c** and **d** show the results for the +90° polarization state. The visibilities, and thus the polarizations of the teleported photons, obtained without any background subtraction are 70% ± 3%. These results for teleportation of two non-orthogonal states prove that we have demonstrated teleportation of the quantum state of a single photon.

states. The experimental results are shown in Fig. 5. Visibilities of 70% ± 3% are obtained for the dips in the orthogonal polarization states. Here, these visibilities are directly the degree of polarization of the teleported photon in the right state. This proves that we have demonstrated teleportation of the quantum state of a single photon.

The next steps

In our experiment, we used pairs of polarization entangled photons as produced by pulsed down-conversion and two-photon interferometric methods to transfer the polarization state of one photon onto another one. But teleportation is by no means restricted to this system. In addition to pairs of entangled photons or entangled atoms[7,21], one could imagine entangling photons with atoms, or phonons with ions, and so on. Then teleportation would allow us to transfer the state of, for example, fast-decohering, short-lived particles, onto some more stable systems. This opens the possibility of quantum memories, where the information of incoming photons is stored on trapped ions, carefully shielded from the environment.

Furthermore, by using entanglement purification[22]—a scheme of improving the quality of entanglement if it was degraded by decoherence during storage or transmission of the particles over noisy channels—it becomes possible to teleport the quantum state of a particle to some place, even if the available quantum channels are of very poor quality and thus sending the particle itself would very probably destroy the fragile quantum state. The feasibility of preserving quantum states in a hostile environment will have great advantages in the realm of quantum computation. The teleportation scheme could also be used to provide links between quantum computers.

Quantum teleportation is not only an important ingredient in quantum information tasks; it also allows new types of experiments and investigations of the foundations of quantum mechanics. As any arbitrary state can be teleported, so can the fully undetermined state of a particle which is member of an entangled pair. Doing so, one transfers the entanglement between particles. This allows us not only to chain the transmission of quantum states over distances, where decoherence would have already destroyed the state completely, but it also enables us to perform a test of Bell's theorem on particles which do not share any common past, a new step in the investigation of the features of quantum mechanics. Last but not least, the discussion about the local realistic character of nature could be settled firmly if one used features of the experiment presented here to generate entanglement between more than two spatially separated particles[23,24]. □

Received 16 October; accepted 18 November 1997.

1. Bennett, C. H. et al. Teleporting an unknown quantum state via dual classic and Einstein-Podolsky-Rosen channels. Phys. Rev. Lett. **70**, 1895–1899 (1993).
2. Schrödinger, E. Die gegenwärtige Situation in der Quantenmechanik. Naturwissenschaften **23**, 807–812; 823–828; 844–849 (1935).
3. Bennett, C. H. Quantum information and computation. Phys. Today **48**(10), 24–30, October (1995).
4. Bennett, C. H., Brassard, G. & Ekert, A. K. Quantum Cryptography. Sci. Am. **267**(4), 50–57, October (1992).
5. Mattle, K., Weinfurter, H., Kwiat, P. G. & Zeilinger, A. Dense coding in experimental quantum communication. Phys. Rev. Lett. **76**, 4656–4659 (1996).
6. Kwiat, P. G. et al. New high intensity source of polarization-entangled photon pairs. Phys. Rev. Lett. **75**, 4337–4341 (1995).
7. Hagley, E. et al. Generation of Einstein-Podolsky-Rosen pairs of atoms. Phys. Rev. Lett. **79**, 1–5 (1997).
8. Schumacher, B. Quantum coding. Phys. Rev. A **51**, 2738–2747 (1995).
9. Clauser, J. F. & Shimony, A. Bell's theorem: experimental tests and implications. Rep. Prog. Phys. **41**, 1881–1927 (1978).
10. Greenberger, D. M., Horne, M. A. & Zeilinger, A. Multiparticle interferometry and the superposition principle. Phys. Today August, 22–29 (1993).
11. Tittel, W. et al. Experimental demonstration of quantum-correlations over more than 10 kilometers. Phys. Rev. Lett. (submitted).
12. Zukowski, M., Zeilinger, A., Horne, M. A. & Ekert, A. "Event-ready-detectors" Bell experiment via entanglement swapping. Phys. Rev. Lett. **71**, 4287–4290 (1993).
13. Bose, S., Vedral, V. & Knight, P. L. A multiparticle generalization of entanglement swapping. preprint.
14. Wootters, W. K. & Zurek, W. H. A single quantum cannot be cloned. Nature **299**, 802–803 (1982).
15. Loudon, R. Coherence and Quantum Optics VI (eds Everly, J. H. & Mandel, L.) 703–708 (Plenum, New York, 1990).
16. Zeilinger, A., Bernstein, H. J. & Horne, M. A. Information transfer with two-state two-particle quantum systems. J. Mod. Optics **41**, 2375–2384 (1994).
17. Weinfurter, H. Experimental Bell-state analysis. Europhys. Lett. **25**, 559–564 (1994).
18. Braunstein, S. L. & Mann, A. Measurement of the Bell operator and quantum teleportation. Phys. Rev. A **51**, R1727–R1730 (1995).
19. Michler, M., Mattle, K., Weinfurter, H. & Zeilinger, A. Interferometric Bell-state analysis. Phys. Rev. A **53**, R1209–R1212 (1996).
20. Zukowski, M., Zeilinger, A. & Weinfurter, H. Entangling photons radiated by independent pulsed sources. Ann. NY Acad. Sci. **755**, 91–102 (1995).
21. Fry, E. S., Walther, T. & Li, S. Proposal for a loophole-free test of the Bell inequalities. Phys. Rev. A **52**, 4381–4395 (1995).
22. Bennett, C. H. et al. Purification of noisy entanglement and faithful teleportation via noisy channels. Phys. Rev. Lett. **76**, 722–725 (1996).
23. Greenberger, D. M., Horne, M. A., Shimony, A. & Zeilinger, A. Bell's theorem without inequalities. Am. J. Phys. **58**, 1131–1143 (1990).
24. Zeilinger, A., Horne, M. A., Weinfurter, H. & Zukowski, M. Three particle entanglements from two entangled pairs. Phys. Rev. Lett. **78**, 3031–3034 (1997).

Acknowledgements. We thank C. Bennett, I. Cirac, J. Rarity, W. Wootters and P. Zoller for discussions, and M. Zukowski for suggestions about various aspects of the experiments. This work was supported by the Austrian Science Foundation FWF, the Austrian Academy of Sciences, the TMR program of the European Union and the US NSF.

Correspondence and requests for materials should be addressed to D.B. (e-mail: Dik.Bouwmeester@uibk.ac.at).

위대한 논문과의 만남을 마무리하며

이 책은 양자순간이동 연구로 노벨 물리학상을 받은 차일링거의 연구를 다룬다. 2022년 노벨 물리학상은 양자정보에 대한 연구를 한 클라우저, 아스페와 차일링거에게 수여되었다. 양자정보 분야 최초의 노벨 물리학상이었다.

양자정보는 정보를 양자화한 혁신적인 아이디어로 그 뿌리는 아인슈타인과 포돌스키와 로젠의 논문에서 시작된다. 양자 개념을 싫어했던 아인슈타인이 제기한 이 논문은 뜻밖에서 얽힘이라는 양자정보에서 가장 중요한 현상으로 이어졌고 이를 통해 양자순간이동이나 양자컴퓨터의 세계가 구현되었다.

이 책은 고전 정보이론부터 시작해 아인슈타인-포돌스키-로젠의 논문과 벨 부등식과 얽힘 현상의 실험 이야기, 그리고 양자순간이동에 대한 이야기를 다룬다. 또한 양자알고리즘과 양자컴퓨터에 대한 이야기도 다룬다. 이 책은 일반인들이 양자정보에 대해 입문할 수 있는 가장 쉬운 책이라고 생각한다.

이 책의 출판 기획상 수식을 피할 수 없을 때는 고등학교 수학 정도를 아는 사람이라면 이해할 수 있도록 처음 쓴 원고를 고치고 또 고치는 작업을 반복했다. 그렇게 하여 수식을 줄여보려고 했다. 하지만 수식을 좋아하는 사람들이 쉽게 따라갈 수 있도록 친절하게 다루어 보았다.

이 책을 쓰기 위해 20세기의 많은 논문을 뒤적거렸다. 지금과는 완연히 다른 용어들과 기호들 때문에 많이 힘들었다. 특히 번역이 안 되어 있는 자료들이 많았지만 프랑스 논문에 대해서는 불문과를 졸업한 아내의 도움으로 조금은 이해할 수 있게 되었다.

　이 책을 끝내자마자 다시 쿼크모형에 대한 오리지널 논문을 공부하며, 시리즈를 계속 이어나갈 생각을 하니 즐거움이 눈앞에 떠오른다. 저자가 가진 이 즐거움을 일반인들이 공유할 수 있기를 바라며 이제 힘들었지만 재미있었던 양자정보에 관한 논문들과의 씨름을 여기서 멈추려고 한다.

진주에서 정완상 교수

이 책을 위해 참고한 논문들

1장

[1] Bacon, Francis (1605), "The Advancement of Learning", London.

[2] Leibniz G., Explication de l'Arithmétique Binaire, Die Mathematische Schriften, ed. C. Gerhardt, Berlin 1879, vol. 7.

2장

[1] C. Shannon, A Theory of Communication, The Bell System Technical Journal Volume 27 (1948).

[2] C. Shannon, Prediction and entropy of printed English, The Bell System Technical Journal Volume 30 (1951).

3장

[1] Schrödinger, Erwin(November 1935), "Die gegenwärtige Situation in der Quantenmechanik (The Present Situation in Quantum Mechanics)", Naturwissenschaften. 23 (48).

[2] D. Dieks(1982), "Communication by EPR devices", Physics Letters A. 92 (6).

[3] W. Wootters and W. Zurek(1982), "A Single Quantum Cannot

be Cloned", Nature. 299 (5886).

4장

[1] Einstein, A.; Podolsky, B.; Rosen, N. (1935-05-15), "Can Quantum-Mechanical Description of Physical Reality Be Considered Complete?" (PDF). Physical Review. 47 (10).

[2] J. Bell, "On the Einstein Podolsky Rosen paradox", Physics Vol. 1 (1964).

[3] S. J. Freedman & J. F. Clauser, Experimental Test of Local Hidden-Variable Theories, Physical Review Letters, Vol. 28, No. 14 (1972).

[4] A. Aspect, P. Grangier, G. Roger, "Experimental Realization of Einstein-Podolsky-Rosen-Bohm Gedankenexperiment: A New Violation of Bell's Inequalities", Physical Review Letters, Vol. 49, No. 2 (1982).

5장

[1] Bouwmeester, Dik; Pan, Jian-Wei; Mattle, Klaus; Eibl, Manfred; Weinfurter, Harald; Zeilinger, Anton, "Experimental quantum teleportation", Nature. 390 (6660): (1997).

6장

[1] Deutsch, David, "Quantum theory, the Church-Turing principle and the universal quantum computer", Proceedings of the Royal Society of London; Series A, Mathematical and Physical Sciences 400, (1985).

수식에 사용하는 그리스 문자

대문자	소문자	읽기	대문자	소문자	읽기
A	α	알파(alpha)	N	ν	뉴(nu)
B	β	베타(beta)	Ξ	ξ	크시(xi)
Γ	γ	감마(gamma)	O	o	오미크론(omicron)
Δ	δ	델타(delta)	Π	π	파이(pi)
E	ε	엡실론(epsilon)	P	ρ	로(rho)
Z	ζ	제타(zeta)	Σ	σ	시그마(sigma)
H	η	에타(eta)	T	τ	타우(tau)
Θ	θ	세타(theta)	Y	υ	입실론(upsilon)
I	ι	요타(iota)	Φ	φ	피(phi)
K	$\varkappa$	카파(kappa)	X	χ	키(chi)
Λ	λ	람다(lambda)	Ψ	ψ	프시(psi)
M	μ	뮤(mu)	Ω	ω	오메가(omega)

노벨 물리학상 수상자들을 소개합니다

이 책에 언급된 노벨상 수상자는 이름 앞에 ★로 표시하였습니다.

연도	수상자	수상 이유
1901	빌헬름 콘라트 뢴트겐	그의 이름을 딴 놀라운 광선의 발견으로 그가 제공한 특별한 공헌을 인정하여
1902	헨드릭 안톤 로런츠	복사 현상에 대한 자기의 영향에 대한 연구를 통해 그들이 제공한 탁월한 공헌을 인정하여
	피터르 제이만	
1903	앙투안 앙리 베크렐	자발 방사능 발견으로 그가 제공한 탁월한 공로를 인정하여
	피에르 퀴리	앙리 베크렐 교수가 발견한 방사선 현상에 대한 공동 연구를 통해 그들이 제공한 탁월한 공헌을 인정하여
	마리 퀴리	
1904	존 윌리엄 스트럿 레일리	가장 중요한 기체의 밀도에 대한 조사와 이러한 연구와 관련하여 아르곤을 발견한 공로
1905	필리프 레나르트	음극선에 대한 연구
1906	조지프 존 톰슨	기체에 의한 전기 전도에 대한 이론적이고 실험적인 연구의 큰 장점을 인정하여
1907	앨버트 에이브러햄 마이컬슨	광학 정밀 기기와 그 도움으로 수행된 분광 및 도량형 조사
1908	가브리엘 리프만	간섭 현상을 기반으로 사진적으로 색상을 재현하는 방법
1909	굴리엘모 마르코니	무선 전신 발전에 기여한 공로를 인정받아
	카를 페르디난트 브라운	
1910	요하네스 디데릭 판데르발스	기체와 액체의 상태 방정식에 관한 연구
1911	빌헬름 빈	열복사 법칙에 관한 발견
1912	닐스 구스타프 달렌	등대와 부표를 밝히기 위해 가스 어큐뮬레이터와 함께 사용하기 위한 자동 조절기 발명

연도	수상자	업적
1913	헤이커 카메를링 오너스	특히 액체 헬륨 생산으로 이어진 저온에서의 물질 특성에 대한 연구
1914	막스 폰 라우에	결정에 의한 X선 회절 발견
1915	윌리엄 헨리 브래그 윌리엄 로런스 브래그	X선을 이용한 결정구조 분석에 기여한 공로
1916	수상자 없음	
1917	찰스 글러버 바클라	원소의 특징적인 뢴트겐 복사 발견
1918	막스 플랑크	에너지 양자 발견으로 물리학 발전에 기여한 공로 인정
1919	요하네스 슈타르크	커낼선의 도플러 효과와 전기장에서 분광선의 분할 발견
1920	샤를 에두아르 기욤	니켈강 합금의 이상 현상을 발견하여 물리학의 정밀 측정에 기여한 공로를 인정하여
1921	알베르트 아인슈타인	이론 물리학에 대한 공로, 특히 광전효과 법칙 발견
1922	닐스 보어	원자 구조와 원자에서 방출되는 방사선 연구에 기여
1923	로버트 앤드루스 밀리컨	전기의 기본 전하와 광전효과에 관한 연구
1924	칼 만네 예오리 시그반	X선 분광학 분야에서의 발견과 연구
1925	제임스 프랑크 구스타프 헤르츠	전자가 원자에 미치는 영향을 지배하는 법칙 발견
1926	장 바티스트 페랭	물질의 불연속 구조에 관한 연구, 특히 침전 평형 발견
1927	아서 콤프턴	그의 이름을 딴 효과 발견
	찰스 톰슨 리스 윌슨	수증기 응축을 통해 전하를 띤 입자의 경로를 볼 수 있게 만든 방법
1928	오언 윌런스 리처드슨	열전자 현상에 관한 연구, 특히 그의 이름을 딴 법칙 발견
1929	루이 드브로이	전자의 파동성 발견
1930	찬드라세카라 벵카타 라만	빛의 산란에 관한 연구와 그의 이름을 딴 효과 발견
1931	수상자 없음	

연도	수상자	업적
1932	베르너 하이젠베르크	수소의 동소체 형태 발견으로 이어진 양자역학의 창시
1933	에르빈 슈뢰딩거	원자 이론의 새로운 생산적 형태 발견
	폴 디랙	
1934	수상자 없음	
1935	제임스 채드윅	중성자 발견
1936	빅토르 프란츠 헤스	우주 방사선 발견
	칼 데이비드 앤더슨	양전자 발견
1937	클린턴 조지프 데이비슨	결정에 의한 전자의 회절에 대한 실험적 발견
	조지 패짓 톰슨	
1938	엔리코 페르미	중성자 조사에 의해 생성된 새로운 방사성 원소의 존재에 대한 시연 및 이와 관련된 느린중성자에 의한 핵반응 발견
1939	어니스트 로런스	사이클로트론의 발명과 개발, 특히 인공 방사성 원소와 관련하여 얻은 결과
1940	수상자 없음	
1941		
1942		
1943	오토 슈테른	분자선 방법 개발 및 양성자의 자기 모멘트 발견에 기여
1944	이지도어 아이작 라비	원자핵의 자기적 특성을 기록하기 위한 공명 방법
1945	볼프강 파울리	파울리 원리라고도 불리는 배제 원리의 발견
1946	퍼시 윌리엄스 브리지먼	초고압을 발생시키는 장치의 발명과 고압 물리학 분야에서 그가 이룬 발견에 대해
1947	에드워드 빅터 애플턴	대기권 상층부의 물리학 연구, 특히 이른바 애플턴층의 발견
1948	패트릭 메이너드 스튜어트 블래킷	윌슨 구름상자 방법의 개발과 핵물리학 및 우주 방사선 분야에서의 발견
1949	유카와 히데키	핵력에 관한 이론적 연구를 바탕으로 중간자 존재 예측

연도	수상자	업적
1950	세실 프랭크 파월	핵 과정을 연구하는 사진 방법의 개발과 이 방법으로 만들어진 중간자에 관한 발견
1951	존 더글러스 콕크로프트 어니스트 토머스 신턴 월턴	인위적으로 가속된 원자 입자에 의한 원자핵 변환에 대한 선구자적 연구
1952	펠릭스 블로흐 에드워드 밀스 퍼셀	핵자기 정밀 측정을 위한 새로운 방법 개발 및 이와 관련된 발견
1953	프리츠 제르니커	위상차 방법 시연, 특히 위상차 현미경 발명
1954	막스 보른	양자역학의 기초 연구, 특히 파동함수의 통계적 해석
	발터 보테	우연의 일치 방법과 그 방법으로 이루어진 그의 발견
1955	윌리스 유진 램	수소 스펙트럼의 미세 구조에 관한 발견
	폴리카프 쿠시	전자의 자기 모멘트를 정밀하게 측정한 공로
1956	윌리엄 브래드퍼드 쇼클리 존 바딘 월터 하우저 브래튼	반도체 연구 및 트랜지스터 효과 발견
1957	양전닝 리정다오	소립자에 관한 중요한 발견으로 이어진 소위 패리티 법칙에 대한 철저한 조사
1958	파벨 알렉세예비치 체렌코프 일리야 프란크 이고리 탐	체렌코프 효과의 발견과 해석
1959	에밀리오 지노 세그레 오언 체임벌린	반양성자 발견
1960	도널드 아서 글레이저	거품 상자의 발명
1961	로버트 호프스태터	원자핵의 전자 산란에 대한 선구적인 연구와 핵자 구조에 관한 발견
	루돌프 뫼스바우	감마선의 공명 흡수에 관한 연구와 그의 이름을 딴 효과에 대한 발견

연도	수상자	공적
1962	레프 다비도비치 란다우	응집 물질, 특히 액체 헬륨에 대한 선구적인 이론
1963	유진 폴 위그너	원자핵 및 소립자 이론에 대한 공헌, 특히 기본 대칭 원리의 발견 및 적용을 통한 공로
	마리아 괴페르트 메이어	핵 껍질 구조에 관한 발견
	한스 옌센	
1964	니콜라이 바소프	메이저-레이저 원리에 기반한 발진기 및 증폭기의 구성으로 이어진 양자 전자 분야의 기초 작업
	알렉산드르 프로호로프	
	찰스 하드 타운스	
1965	도모나가 신이치로	소립자 물리학에 심층적인 결과를 가져온 양자전기역학의 근본적인 연구
	줄리언 슈윙거	
	리처드 필립스 파인먼	
1966	알프레드 카스틀레르	원자에서 헤르츠 공명을 연구하기 위한 광학적 방법의 발견 및 개발
1967	한스 알브레히트 베테	핵반응 이론, 특히 별의 에너지 생산에 관한 발견에 기여
1968	루이스 월터 앨버레즈	소립자 물리학에 대한 결정적인 공헌, 특히 수소 기포 챔버 사용 기술 개발과 데이터 분석을 통해 가능해진 다수의 공명 상태 발견
1969	머리 겔만	기본 입자의 분류와 그 상호 작용에 관한 공헌 및 발견
1970	한네스 올로프 예스타 알벤	플라스마 물리학의 다양한 부분에서 유익한 응용을 통해 자기유체역학의 기초 연구 및 발견
	루이 외젠 펠릭스 네엘	고체물리학에서 중요한 응용을 이끈 반강자성 및 강자성에 관한 기초 연구 및 발견
1971	데니스 가보르	홀로그램 방법의 발명 및 개발
1972	존 바딘	일반적으로 BCS 이론이라고 하는 초전도 이론을 공동으로 개발한 공로
	리언 닐 쿠퍼	
	존 로버트 슈리퍼	

연도	수상자	업적
1973	에사키 레오나	반도체와 초전도체의 터널링 현상에 관한 실험적 발견
	이바르 예베르	
	브라이언 데이비드 조지프슨	터널 장벽을 통과하는 초전류 특성, 특히 일반적으로 조지프슨 효과로 알려진 현상에 대한 이론적 예측
1974	마틴 라일	전파 천체물리학의 선구적인 연구: 라일은 특히 개구 합성 기술의 관찰과 발명, 그리고 휴이시는 펄서 발견에 결정적인 역할을 함
	앤터니 휴이시	
1975	오게 닐스 보어	원자핵에서 집단 운동과 입자 운동 사이의 연관성 발견과 이 연관성에 기초한 원자핵 구조 이론 개발
	벤 로위 모텔손	
	제임스 레인워터	
1976	버턴 릭터	새로운 종류의 무거운 기본 입자 발견에 대한 선구적인 작업
	새뮤얼 차오 충 팅	
1977	필립 워런 앤더슨	자기 및 무질서 시스템의 전자 구조에 대한 근본적인 이론적 조사
	네빌 프랜시스 모트	
	존 해즈브룩 밴블렉	
1978	표트르 레오니도비치 카피차	저온 물리학 분야의 기본 발명 및 발견
	아노 앨런 펜지어스	우주 마이크로파 배경 복사의 발견
	로버트 우드로 윌슨	
1979	셸던 리 글래쇼	특히 약한 중성 전류의 예측을 포함하여 기본 입자 사이의 통일된 약한 전자기 상호 작용 이론에 대한 공헌
	압두스 살람	
	스티븐 와인버그	
1980	제임스 왓슨 크로닌	중성 K 중간자의 붕괴에서 기본 대칭 원리 위반 발견
	밸 로그즈던 피치	
1981	니콜라스 블룸베르헌	레이저 분광기 개발에 기여
	아서 레너드 숄로	
	카이 만네 뵈리에 시그반	고해상도 전자 분광기 개발에 기여

1982	케네스 게디스 윌슨	상전이와 관련된 임계 현상에 대한 이론
1983	수브라마니안 찬드라세카르	별의 구조와 진화에 중요한 물리적 과정에 대한 이론적 연구
	윌리엄 앨프리드 파울러	우주의 화학 원소 형성에 중요한 핵반응에 대한 이론 및 실험적 연구
1984	카를로 루비아 시몬 판데르 메이르	약한 상호 작용의 커뮤니케이터인 필드 입자 W와 Z의 발견으로 이어진 대규모 프로젝트에 결정적인 기여
1985	클라우스 폰 클리칭	양자화된 홀 효과의 발견
1986	에른스트 루스카	전자 광학의 기초 작업과 최초의 전자 현미경 설계
	게르트 비니히 하인리히 로러	스캐닝 터널링 현미경 설계
1987	요하네스 게오르크 베드노르츠 카를 알렉산더 뮐러	세라믹 재료의 초전도성 발견에서 중요한 돌파구
1988	리언 레더먼 멜빈 슈워츠 잭 스타인버거	뉴트리노 빔 방법과 뮤온 중성미자 발견을 통한 경입자의 이중 구조 증명
1989	노먼 포스터 램지	분리된 진동 필드 방법의 발명과 수소 메이저 및 기타 원자시계에서의 사용
	한스 게오르크 데멜트 볼프강 파울	이온 트랩 기술 개발
1990	제롬 프리드먼 헨리 웨이 켄들 리처드 테일러	입자 물리학에서 쿼크 모델 개발에 매우 중요한 역할을 한 양성자 및 구속된 중성자에 대한 전자의 심층 비탄성 산란에 관한 선구적인 연구
1991	피에르질 드 젠	간단한 시스템에서 질서 현상을 연구하기 위해 개발된 방법을 보다 복잡한 형태의 물질, 특히 액정과 고분자로 일반화할 수 있음을 발견

연도	수상자	업적
1992	조르주 샤르파크	입자 탐지기, 특히 다중 와이어 비례 챔버의 발명 및 개발
1993	러셀 헐스	새로운 유형의 펄서 발견, 중력 연구의 새로운 가능성을 연 발견
	조지프 테일러	
1994	버트럼 브록하우스	중성자 분광기 개발
	클리퍼드 셜	중성자 회절 기술 개발
1995	마틴 펄	타우 렙톤의 발견
	프레더릭 라이너스	중성미자 검출
1996	데이비드 리	헬륨-3의 초유동성 발견
	더글러스 오셔로프	
	로버트 리처드슨	
1997	스티븐 추	레이저 광으로 원자를 냉각하고 가두는 방법 개발
	클로드 코엔타누지	
	윌리엄 필립스	
1998	로버트 로플린	부분적으로 전하를 띤 새로운 형태의 양자 유체 발견
	호르스트 슈퇴르머	
	대니얼 추이	
1999	헤라르뒤스 엇호프트	물리학에서 전기약력 상호작용의 양자 구조 규명
	마르티뉴스 펠트만	
2000	조레스 알표로프	정보 통신 기술에 대한 기초 작업(고속 및 광전자 공학에 사용되는 반도체 이종 구조 개발)
	허버트 크로머	
	잭 킬비	정보 통신 기술에 대한 기초 작업(집적회로 발명에 기여)
2001	에릭 코넬	알칼리 원자의 희석 가스에서 보스-아인슈타인 응축 달성 및 응축 특성에 대한 초기 기초 연구
	칼 위먼	
	볼프강 케테를레	

연도	수상자	공헌
2002	레이먼드 데이비스	천체물리학, 특히 우주 중성미자 검출에 대한 선구적인 공헌
	고시바 마사토시	
	리카르도 자코니	우주 X선 소스의 발견으로 이어진 천체물리학에 대한 선구적인 공헌
2003	알렉세이 아브리코소프	초전도체 및 초유체 이론에 대한 선구적인 공헌
	비탈리 긴즈부르그	
	앤서니 레깃	
2004	데이비드 그로스	강한 상호작용 이론에서 점근적 자유의 발견
	데이비드 폴리처	
	프랭크 윌첵	
2005	로이 글라우버	광학 일관성의 양자 이론에 기여
	존 홀	광 주파수 콤 기술을 포함한 레이저 기반 정밀 분광기 개발에 기여
	테오도어 헨슈	
2006	존 매더	우주 마이크로파 배경 복사의 흑체 형태와 이방성 발견
	조지 스무트	
2007	알베르 페르	자이언트 자기 저항의 발견
	페터 그륀베르크	
2008	난부 요이치로	아원자 물리학에서 자발적인 대칭 깨짐 메커니즘 발견
	고바야시 마코토	자연계에 적어도 세 종류의 쿼크가 존재함을 예측하는 깨진 대칭의 기원 발견
	마스카와 도시히데	
2009	찰스 가오	광 통신을 위한 섬유의 빛 전송에 관한 획기적인 업적
	윌러드 보일	영상 반도체 회로(CCD 센서)의 발명
	조지 엘우드 스미스	
2010	안드레 가임	2차원 물질 그래핀에 관한 획기적인 실험
	콘스탄틴 노보셀로프	

노벨 물리학상 수상자 목록

연도	수상자	업적
2011	솔 펄머터 브라이언 슈밋 애덤 리스	원거리 초신성 관측을 통한 우주 가속 팽창 발견
2012	세르주 아로슈 데이비드 와인랜드	개별 양자 시스템의 측정 및 조작을 가능하게 하는 획기적인 실험 방법
2013	프랑수아 앙글레르 피터 힉스	아원자 입자의 질량 기원에 대한 이해에 기여하고 최근 CERN의 대형 하드론 충돌기에서 ATLAS 및 CMS 실험을 통해 예측된 기본 입자의 발견을 통해 확인된 메커니즘의 이론적 발견
2014	아카사키 이사무 아마노 히로시 나카무라 슈지	밝고 에너지 절약형 백색 광원을 가능하게 한 효율적인 청색 발광 다이오드의 발명
2015	가지타 다카아키 아서 맥도널드	중성미자가 질량을 가지고 있음을 보여주는 중성미자 진동 발견
2016	데이비드 사울레스 덩컨 홀데인 마이클 코스털리츠	위상학적 상전이와 물질의 위상학적 위상에 대한 이론적 발견
2017	라이너 바이스 킵 손 배리 배리시	LIGO 탐지기와 중력파 관찰에 결정적인 기여
2018	아서 애슈킨	레이저 물리학 분야의 획기적인 발명(광학 핀셋과 생물학적 시스템에 대한 응용)
	제라르 무루 도나 스트리클런드	레이저 물리학 분야의 획기적인 발명(고강도 초단파 광 펄스 생성 방법)
2019	제임스 피블스	우주의 진화와 우주에서 지구의 위치에 대한 이해에 기여(물리 우주론의 이론적 발견)
	미셸 마요르 디디에 쿠엘로	우주의 진화와 우주에서 지구의 위치에 대한 이해에 기여(태양형 항성 주위를 공전하는 외계 행성 발견)

연도	수상자	업적
2020	로저 펜로즈	블랙홀 형성이 일반 상대성 이론의 확고한 예측이라는 발견
	라인하르트 겐첼	우리 은하의 중심에 있는 초거대 밀도 물체 발견
	앤드리아 게즈	
2021	마나베 슈쿠로	복잡한 시스템에 대한 이해에 획기적인 기여(지구 기후의 물리적 모델링, 가변성을 정량화하고 지구 온난화를 안정적으로 예측)
	클라우스 하셀만	
	조르조 파리시	복잡한 시스템에 대한 이해에 획기적인 기여 (원자에서 행성 규모에 이르는 물리적 시스템의 무질서와 요동의 상호작용 발견)
2022	★알랭 아스페	얽힌 광자를 사용한 실험, 벨 불평등 위반 규명 및 양자 정보 과학 개척
	★존 클라우저	
	★안톤 차일링거	
2023	피에르 아고스티니	물질의 전자 역학 연구를 위해 아토초(100경분의 1초) 빛 펄스를 생성하는 실험 방법 고안
	페렌츠 크러우스	
	안 륄리에	
2024	존 홉필드	인공신경망을 이용해 머신러닝을 가능하게 하는 기초적인 발견과 발명
	제프리 힌턴